U0250093

国家自然科学基金(71003040)资助项目成果

城市住区更新政策决策与模式研究

——理论、实务及案例

汪 洋 著

WUHAN UNIVERSITY PRESS
武汉大学出版社

图书在版编目(CIP)数据

城市住区更新政策决策与模式研究:理论、实务及案例/汪洋著.—武汉:武汉大学出版社,2013.12
　ISBN 978-7-307-12309-0

　Ⅰ.城…　Ⅱ.汪…　Ⅲ.城市—居住区—城市规划—研究
Ⅳ.TU984.12

中国版本图书馆 CIP 数据核字(2013)第 293187 号

责任编辑:黄汉平　　责任校对:汪欣怡　　版式设计:马　佳

出版发行:**武汉大学出版社**　　(430072　武昌　珞珈山)
　　　　　(电子邮件:cbs22@ whu. edu. cn　网址:www. wdp. whu. edu. cn)
印刷:湖北金海印务有限公司
开本:720×1000　1/16　　印张:19.5　字数:278 千字　插页:2
版次:2013 年 12 月第 1 版　　2013 年 12 月第 1 次印刷
ISBN 978-7-307-12309-0　　　定价:39.00 元

序

　　城市化是中国经济发展的强劲引擎，是实现社会可持续发展和中国梦的重要途径。进入 21 世纪，中国的城镇化进程进一步提速，城镇人口从 1.72 亿人增加到 7.1 亿人，城市化率从 17.92% 提升到 52.57%。然而，快速城市化进程背后潜藏的诸多矛盾和问题也呼之欲出。城市急剧扩张导致了城市社会空间的深刻变化，城市住区衰退速度明显加快。城市住区的加速衰退不仅表现为住宅的物质性老化和提前拆除，其内在损耗更为严重，而且伴随住区居民贫富差距迅速扩大、原有社会资本严重流失、社会分化与组织结构离析等社会问题交织在一起，变得更复杂。此种背景下，本书探求城市更新政策决策和住区衰退演替及更新机理显得恰逢其时。

　　城市是社会经济发展到一定阶段所形成的社会、经济、政治、文化教育的中心枢纽和功能多样的独立有机体。21 世纪被称为城市世纪，城市的未来就是地球的未来，它将证明且被证明着：城市是一种生物体，人类是这种生物体的细胞。城市从来就没有停止变化，这种变化也永远不会完结，并将永远根据新的情况进行调整与被调整。将城市视为生命体，城市和住区更新就事关城市的生与死。1961 年，《美国大城市死与生》一书横空出世，简·雅各布在书中对 20 世纪五六十年代美国城市中的大规模计划进行了严厉批判，认为大规模改造计划缺少弹性和选择性，主张"必须改变城市建设中资金的使用方式"，"从追求洪水般的剧烈变化到追求连续的、逐渐的、复杂的和精致的变化"。

　　城市更新、城市再生、城市复兴等等概念也是多年来国内城市发展、城市规划方面的热门话题。从学术上论，城市更新是一种将城市中已经不适应现代化城市社会生活的地区作必要的、有计划的改建活动，主要关注城市经济发展和城市空间结构不适应的问题，即城市的物质属性；城市再生则主要关注社会转型过程中的城市社区衰退、贫困和社会隔离问题，即城市的社会属性；而城市复兴理念则是城市更新理论和实践在可持续发展思潮影响下的进一步发展，谋求主张目标广泛、内容丰富、更有人文关怀的城市更新方式。

　　住区可以视为现代城市社会的细胞，本书以城市住区为研究对象，研究视角不仅关注城市的物质属性，更着眼于伴随城市衰退的社会问题，尤其是其中有关武汉市旧城和住区的社会调查值得更加深入的分析和探讨。本书的核心理念强调城市更新不仅须从经济角度，更要从社会角度来看待城市的发展和再生，城市应当尽可能包容错综复杂并相互支持多样性从而满足人的生活需求。只有以此为立足点，城市发展才能顺应自己的生命周期，从旧的衰退走向新的重生，实现新的辉煌。

　　作者汪洋是武汉大学土木建筑工程学院从事城市发展和建设管理领域研究的年轻学者，书中所涉核心理论与方法是其学习和工作期间的所思所想所专，如今能集之成册我甚感欣慰，为表祝贺是为序。

2013. 12. 9

前　言

　　城市的出现是人类社会发展史上的重要里程碑。人类进入工业化社会时代以来，城市化演变过程给城市带来了不可逆转的巨变，其实质是在城市区域范围内对经济社会资源的重新分配和再增长过程，资源分配的结构和效率直接影响城市化的健康程度。在城市化的中后期，由于城市资源分配的低效率、不公平性和粗放性，导致土地紧张、环境污染、社会不公平等为代表的城市更新和住区衰退问题日显严重，城市管理者和学者们逐渐意识到基于市场机制的分配并非万能，须对城市建设活动加以调控，以保证削减负的外在性、保证公共产品的供应和公有资源的优化配置，从而保证实现整个社会的最大福利和城市发展规划总体目标的实现。

　　本书基于"城市-住区"的宏微观双重视角，探求城市更新政策决策和住区衰退演替与更新机理的理论与方法。城市更新宏观政策的数理研究，是基于可持续发展观的城市可持续更新决策理论，通过系统反馈回路的城市更新系统动力学行为模式，进行城市更新仿真优化决策，运用系统动力学仿真软件 Vensim 和计量经济学统计软件 Eviews 进行的城市区域宏观政策实验与优化，将有利于探求更小区域范围的住区发展衰退与演替更新的机制与机理。而住区可以视为现代城市社会的细胞，城市是住区演替发展的载体，对城市住区的研究无法绕开其所在城市（区）的经济社会环境的把握，同时，城市的演变和发展又将直接对住区的成长、发展和衰退产生影响。城市的演变过程如同生物体不断进行着新陈代谢，通过逐渐摒除落后不合理的成分，吸收新鲜积极的因素，不断优化自身功能。因此，城市更新和住区再开发是实现城市可持续发展的重要途径和手段。

　　本书共分四个部分十九个章节。理论篇中,梳理了城市发展与更新理论的基本概念,并对中国城市化进程中的主要问题及传统研究方法的理论脉络和局限性进行了阐述,同时对城市更新决策和城市住区衰退演替的理论与实践发展进行了综述。方法篇中,通过分析城市更新系统的动力结构特性,研究建立城市更新系统动力学指标体系、城市更新动力学总流图设计和城市更新决策系统动态模型,为城市系统及其更新项目的实施提供最佳决策路径和方法,使城市更新系统的建设活力实现由单个到综合、由无序到有序、由结果的不可知到可预测的运行模式转变,分析城市机能衰退的原因和演变机理以为城市和住区建设协调发展提供科学决策依据。实务篇中,探讨了城市旧城住区、城市老工业区和快速城市化地区中居住区典型更新模式及其对比研究,并着重对近年来以城市文化资源驱动城市住区更新的发展机理和典型模式进行了比较研究,分别以中国不同区域、不同城市地区的典型住区发展为例,构建城市住区的发展模式、衰退机理和调控机制。案例篇中,特别针对武汉市现存的典型历史住区、现代住区以及当代住区的发展现状和存在的问题进行了调查和评价分析,提出了针对武汉市不同住区特征的发展与保护更新对策。

　　城市和住区更新是一个充满挑战性和紧迫性的课题,其中涉及多方面的矛盾和利益冲突,这些矛盾和利益冲突的发展脉络将给区域内的住区发展产生极大影响。本书是作者在攻读博士学位和博士后研究期间参与相关课题研究的归纳和总结,许多观点和内容得到了导师王晓鸣教授等相关学者的悉心指点和帮助。探讨这样重大的城市与社会问题,笔者视角难免挂一漏万,有所偏颇。望各位读者批评指正。

汪　洋

武汉大学工学部

2013/9/2

目　录

第一部分　理 论 篇

1 绪　　论

1.1　基本概念

城市(city)是指社会经济发展到一定阶段所形成的社会经济、政治、文化教育的中心枢纽,是非农业人口聚集较多且社会结构复杂、功能多样的一个独立的有机体。

旧城(old city)是指城市中建成历史相对长久,经过多年演变形成相对稳定的社会经济结构和特定的地域风俗文化,具有丰富的可持续发展资源的区域。

城市更新(urban renewal)是指为了恢复旧城活力,发挥旧城应有的作用,调整原有的结构模式,补偿物质缺损,调整人口分布,以达到改善环境、振兴经济、改善生活质量的城市社会经济活动。

城市更新系统是指以系统论的观点,将城市更新主体与其所处的经济社会环境系统中的多种要素相互关联、相互作用而产生城市更新驱动力的方式与方法的总和。城市更新是一项涉及社会、经济、环境、文化等多方面的系统工程,具有多重发展目标,这些目标不应被单独分隔对待,而应以可持续发展观去科学定位。

1.2　中国城市化中的"新"与"旧"问题

1.2.1　城市化进程中城市更新协调发展的新环境

改革开放的三十多年是中国有史以来城市发展最快的时期。我国城镇人口由 1978 年的 1.73 亿人迅速增加到 2012 年的 7.12 亿人,年平均增长速度达 4.2%,城市化水平由 17.92% 提高到 52.57%,年平均增长 1.02%;城市个数由 190 个增加到 668 个,平均每年增加 14 个,建制镇的规模不断扩大,由 2000 多个增加到 1.99 万个,平均每年增加 500 多个(见图 1-1)。

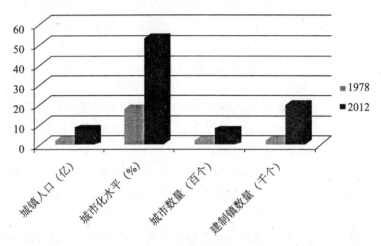

图 1-1　1978 年与 2012 年全国城市发展部分指标变化

伴随着城市化水平的提高,城市基础设施建设也取得重要进展,城市公共服务设施不断完善,城镇居民生活水平和文明程度显著提高。城镇地区全社会固定资产投资由 1981 年的 711.1 亿元增加到 2012 年的 374676 亿元,年平均增长速度高达 22.4%。全国城市建成区面积由 1981 年的 7438km² 扩展到 2012 年的 43603.2km²,城市人均住宅建筑面积由 1978 年的 6.7m² 增加到 2012 年的约 30m²,城镇居民人均可支配收入由 1978 年的 343.4 元增加到 2012 年的 24565 元,年平均增长速度为 13.4%,恩格尔系数由 57.5% 下降到 36.2%,2012 年全年房地产开发投资 71804 亿元,比上年增长 16.2%。其中,住宅投资 49374 亿元,增长 11.4%(图 1-2)。

由于历史原因和长期以来"重新区开发,轻旧区改善"的影响,导致我国城市大批旧城区因缺乏可持续改善的有效措施而提前损

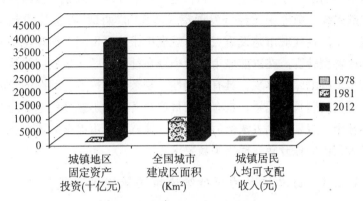

图 1-2　1978 年与 2012 年城镇地区固定资产投资、
城市建成区面积和人均可支配收入变化

耗，大批有珍贵保留价值和特色资源的传统住区被不当损毁，大批
1970 年代甚至 1980 年代建造的旧城区仅因局部功能未获改善而拆
除，旧城区正成为新"贫民区"和"弱势群体社区"产生的重要根源。
这些都背离了国际公认的城市住区建设可持续发展和社会公平进步
准则，造成国家社会投资和城市资源的巨大浪费，成为城市现代化
进程中的矛盾焦点和实施难题。

　　旧城改造在英文中常用的有 renewal，innovation 和 rebuild 等，
从字面上的意思分别是更新、改造与改建，我们倾向于更新的内
涵，因为提到改造就易联想起简单粗暴的城市拆旧建新方式，而忽
视了旧城改造真正的含义和作用，甚至以毁坏旧城发展历史资源为
代价。城市更新是一项涉及社会、经济、环境等众多方面的系统工
程，有许多需要实现的改善发展目标，如：土地结构调整、城市功
能置换、危旧房改造、基础设施建设、旧城人口疏散等。这些目标
不应被单独分隔地对待，而应以可持续发展观去重新定位，建立基
于可持续发展的城市更新系统。

1.2.2　城市更新从量的扩大到质的提升转变的新要求

　　城市作为人类最普遍的一种聚居场所，在不同的时空概念上表

现出不同的居住生活及生产形态，是一种能体现不同人类群体特性的特殊系统，随着中国经济发展模式转变和"两型"社会建设趋势形成，中国现代城市建设重点已由规模扩张速度发展型向环境功能持续改善型转变。在以前城市更新中存在种种问题，这些问题是城市诸多矛盾的综合体现，具有长期性、复杂性等特点。问题的导因既有历史问题长期积累，也有因为目前经济社会迅猛变化、法规法制不健全、规划编制方法落后等所致，这就为城市更新的重点从量的扩大到质的提升转变提出了新要求。

1.2.3 仿真技术为可持续城市决策提供了新方法

仿真技术最先应用于城市发展领域是在城市规划学科，其中运用最广泛的是将 GIS 及其衍生技术运用于城市规划、交通、燃气管网和固体废物规划管理等领域，包括城市三维地理信息系统（three dimensional urban geographic information system，3DUGIS），其中世界各国都有不少成功的案例。与此同时，其他包括基于 MDA、Mapx、ArcObject 等仿真技术都已成功应用于中国城市发展决策中，大大提高了城市管理者对城市发展决策的优化能力。

在城市发展政策仿真方面，以系统动力学为代表的决策仿真技术已具有广泛应用基础。1961 年，美国麻省理工斯隆管理学院 Jay W. Forrester 教授提出城市动力学和世界动力学，作为系统动力学的雏形之一，以解决城市中存在的社会和经济协调发展问题（图 1-3）；1989 年，Abdelmoneim Ali Ibrahim 在肯特州立大学的博士论文中应用系统动力学方法，以苏丹为例对解决非洲城市发展中的若干问题进行了深入研究；1996 年，美国印第安技术研究院 V. Sudhir 率先提出了应用系统动力学方法进行城市固体废物可持续规划管理；2001 年，美国哈佛大学设计学院 K. Michael Bessey 教授提出以城市导向的动力学方法分析来架构城市空间；2002 年，意大利教授 Roberta Capello 将系统动力学应用于城市地租与城市经济体量优化的研究中；2003 年，香港理工大学 Hu Yucun 在其博士论文中系统阐述了系统动力学方法在香港城市住房发展决策中的应用；2005 年，苏黎世理工大学 Kopainsky Birgit Ursula 在其博士论文中运用系统动力学方法对瑞士落后地区进行了经济社会发展的评价分析。系统科学及其仿真手段，特别是系统动力学对城市发展问题的政策仿真研究，为城市发展的政策优化提供了新的路径。

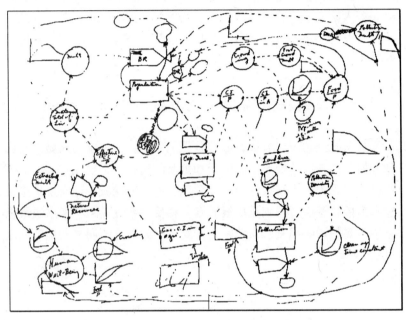

图1-3　世界动力学反馈回路手绘草图

1.2.4　系统动力学及仿真技术在建设领域的新进展

工程运行中的各种因素不断变化、相互影响，共同构成一个多重反馈的复杂时变系统；而系统动力学方法在解决此类高阶、非线性、多环反馈的动态问题方面具有明显优势，因为系统动力学从全局出发，考察复杂系统的结构、功能和行为之间的动态关系。近些年，系统动力学在建设管理领域的应用研究日趋广泛。如 Shen 等人根据建设项目经济发展、社会发展、环境发展可持续性的特点，利用系统动力学方法建立起建设项目可持续性评价仿真模型，对建设项目的可持续性特征进行可行性评估；Hao 等人则建立了香港的建筑废料管理系统动力学模型，为决策者提供决策支持工具；王其藩等通过对项目风险的自然属性进行分析，建立了从风险识别、风险分析和风险对策机制的项目风险动态管理的运作机理，从而有效管理项目运行中产生的风险因素；王孟钧等人基于系统动力学理论，深入研究了建筑市场信用系统的构成、内在机理及其之间的关系，并以此为基础分析了建筑市场信用系统运行状态和发展趋势等。

1.3　传统决策模型在城市更新领域的局限性

从系统论的观点分析，城市首先是一个社会系统。从城市的出现开始，其功能就处于不断转变和更新的过程中，现代意义上的城市已发展成为一个超级综合社会系统。而传统的城市建设发展决策建模多依赖于模型的细化决策因素。相反，系统动力学考虑决策模型中主要的影响因素，而忽略一些对系统影响并不明显的细节问题（图1-4）。

图1-4　政策阻抗反馈循环系统

从系统的整体性出发，系统动力学关注的是旧城（区）及其相关的管理策略的行为趋势；从系统动力学观点分析，城市更新系统是一类高阶次、多重反馈回路、高度非线性的复杂系统，它具有反直观性、对系统内多数参数变化的不敏感性和对政策改变的顽强抵制性，该系统的远期与近期、整体与局部之间利益的矛盾往往难以调和。而系统动力学方法用于具有复杂时变和多重反馈回路的系统问题的求解往往更为有效，可以通过数量分析与建模仿真手段为城市更新提出积极决策建议。

2 城市更新政策决策理论与实践发展

2.1 城市更新政策决策理论发展

2.1.1 城市更新理论

作为城市规划领域的术语之一，"城市更新"概念最早由美国 Eisenhower 成立的顾问委员会于 1954 年首次提出。正如 Buissink 谈到的，"该顾问委员会提出的城市更新这一概念被正式列入 1954 年美国住房法规中。可以说，该法规和早先于 1949 年制订的前一任法规是城市更新政策的奠基石"。

快速的城市化发展进程给中国城市带来了一系列的旧城发展问题，为了解决这些问题，20 世纪 80 年代早期在中国开始出现和兴起城市更新的研究。但是，不论是城市更新的理论研究还是其方法及研究手段方面，中国都落后于欧美等发达国家。直到 1989 年中国城市规划法的提出，"城市更新"才真正作为正式术语出现在城市控制性规划中。1990 年代，清华大学建筑学院吴良镛教授首先提出城市"有机更新"理论，强调城市更新要传承城市发展脉络，小规模进行更新和改造，他主张按照城市内在的发展规律，顺应城市的肌理，在可持续发展的基础上，探求城市的更新和发展；越来越多不同领域的专家、学者参与到旧城区的更新改造的进程中来。从文化研究的角度，主要是强调文化遗产的保护和城市文脉的保留；从城市经济学和土地利用角度，强调资源的合理利用和利益的均衡；从城市社会学的角度，强调的是社会网络的延续等等。从不同方面涉及城市改造中的社会因素，例如大规模的改造带来的社会

10

问题，环境的改善影响了居民对区域环境的认知，文化的延续加强了居民对旧城的眷念，经济的增长刺激邻里的复兴等。

2.1.2 系统动力学理论

系统动力学最早出现于 1956 年，作为该学科主要创始人的麻省理工学院 J. W. Forrester 教授以一系列著作为系统动力学的创立和发展奠定了基础。最初，系统动力学的研究对象是工业企业的经营管理问题，如企业的用工、生产、供销以及市场股票和市场增长的不稳定性等，所以被称为"工业动力学"。后来，该学科的研究范围扩大到军事、城市规划决策、人口增长和资源消耗等各类系统和各种领域，最终确定了"系统动力学"名称。系统动力学最成功的模型当属 Forrester 教授提出的"世界模型Ⅱ"和其助手 D. L. Meadows 在此基础上细化的"世界模型Ⅲ"。这两个模型在国际上引起了强烈反响，也促进了系统动力学进一步发展。1970 年以来，一些美国学者，利用系统动力学模型研究了通货膨胀、失业率和实际利率同时增长等相关问题。中国的系统动力学研究起步于 1980 年，虽然研究比较晚，但系统动力学的研究和应用在我国取得了飞跃发展，成果颇丰。三十多年来，我国学者先后出版了许多有关系统动力学的专著和大批有价值的研究论文。目前，系统动力学研究已经深入到社会、经济和生态环境等多个领域。

系统动力学以控制论、系统工程、信息处理和计算机仿真技术为基础研究复杂系统随时间推移而产生的行为模式，是一门分析和研究信息反馈、认识系统问题和解决系统问题并沟通自然科学和社会科学的交叉性学科。系统动力学将系统的行为模式视为由系统内部的信息反馈机制决定，通过建立系统动力学模型，利用系统动力学仿真语言在计算机上实现对真实系统的模拟仿真，研究系统的结构、功能和行为之间的动态关系，以便寻求较优的系统结构和功能。系统动力学鲜明的特点在于其具有强烈的唯物辩证法特性，强调系统、整体以及发展和运动的观点。因此，系统动力学的定性与定量相结合思想更适合研究社会和工程交叉科学中出现的系统问题。

2.1.3 可持续发展理论

按照世界环境和发展委员会在《我们共同的未来》中的表述，可持续发展指的是"既满足当代人的需要，又对后代人满足其需要的能力不构成危害的发展"。具体来说，就是谋求经济、社会与自然环境的协调发展，维持平衡，抑制环境恶化和环境污染的出现，控制重大自然灾害的发生。

《中国21世纪议程》认为，在保持经济快速增长的同时，依靠科技进步和提高劳动者素质，不断改善发展质量，提倡适度消费和清洁生产，控制环境污染，改善生态环境，保持可持续发展的资源基础，建立"低消耗、高收益、低污染、高效益"的良性循环发展模式。可持续发展理论摒弃了过去"零增长"（过分强调环保）和过分强调经济增长的偏激思想，主张"既要生存、又要发展"的理念。可持续发展理论的主要内容包括可持续发展模式与评价指标体系，环境与可持续发展，经济与可持续发展，社会与可持续发展，区域的可持续发展。

2.1.4 计量经济学理论

计量经济学是以一定的经济理论和统计资料为基础，运用数学、统计学方法与电脑技术，以建立经济计量模型为主要手段，定量分析、研究具有随机性特性的经济变量关系，在一定的经济理论指导下，以反映事实的统计数据为依据，用经济计量方法研究经济数学模型的实用化或探索实证经济规律。

在城镇宏观方法方面，针对快速城镇化中的城市蔓延问题，牛煜虹通过整理我国286个地级市2010年统计数据，以市辖区人均建成区面积和市辖区建成区面积占行政区面积的比例作为衡量城市蔓延的变量，构建了城市蔓延与地方财政之间的计量经济模型以阐述城市蔓延对地方财政的影响机制。在城市土地与产业发展方面，王家庭结合中国35个大中城市的面板数据，运用计量经济分析方法，从产业集聚和政府作用两个角度实证研究政府土地供给、经济发展水平、人口密度、交通条件和外资等影响中国城市工业地价的关系。在城市环境与经济发展方面，牛婷以 1983—2009 年城市环境基础设施投资与经济增长的关系作为研究对象，运用计量经济工具，探讨了环境投入和经济发展的长期均衡但不存在格兰杰因果关系。计量经济学及其方法工具已在城市建设发展与规划研究方面应用广泛。

2.2 城市更新政策决策系统动力学理论发展

2.2.1 系统动力学的技术基础

从系统论观点分析，城市发展系统是一类高阶次(high level of order)、多重反馈回路(loop multiplicity)、高度非线性(non-linear)的复杂系统，具有反直观性、对系统内多数参数变化不敏感性和对政策改变的顽强抵制性，该系统的远期与近期、整体与局部之间利益的矛盾往往难以调和。系统动力学方法用于具有复杂多变和多重反馈回路的系统问题求解常常更为有效。系统动力学作为一种分析和理解复杂系统动态行为的方法在近几十年的时间里发展迅速，在城市发展政策决策领域中已有成功案例出现，主要体现在城市区域发展决策、城市建设规划管理和城市环境管理与公众参与三个方面。

2.2.2 系统动力学在城市区域发展决策中的研究评述

(1)基于多重反馈回路的区域发展决策评价

城市发展系统动力学的开端始于 1969 年。Jay W. Forrester 教授提出城市动力学(系统动力学的雏形之一)以解决城市中存在的社会和经济协调发展问题。Forrester 开创性地提出将城市视为一个机构，分析城市低收入和失业人口，指出低成本住房占用的空间本可以用来创造更多的就业机会提供给失业者，而现实中的低成本住房建设反而成为更大的贫困的推动力。随后，Abdelmoneim Ali Ibrahim(1989)在其博士论文中较早提出以系统动力学方法建立基于检测与监控城市化的系统动态框架模型来分析和理解城市发展的内在关系问题；模型包括人口、就业、住房、服务和土地五个子系统，进行了三项政策仿真实验以测试城市化和缓解城市问题所带来的影响，同时评估了这些政策对案例城市发展的有效性。Kopainsky Birgit Ursula（2005）通过对落后地区城市典型社区发展进行系统动力学建模，从社区角度切入，指出落后地区特别是城乡结合地的社区地理因素占主导地位，直接影响社区经济和社会发展，同时人口和就业结构对区域经济和生产发展的重要因素——资金和劳动力等产生了深刻的影响。

城市发展系统动力学在城市经济与社会系统领域有了很大拓展。从运用系统动力学分析城市低收入和失业人口问题到检测和监控城市化系统的动态框架，再到从城市社区角度分析城市社区居民经济、社会发展同人口与就业的关联，一系列的研究实际上是以城市发展中存在的多重循环为主线进行扩展和延伸，专注于和城市与区域相关的人口、住房、土地及就业等这些最主要反馈回路。区别在于，三位代表人物的切入点不尽相同。Forrester 教授以城市低收入和失业人口为起点分析引导出城市住房和土地的反馈关系；Ibrahim 则试图系统建立一个整体的动态框架模型由外及内地探讨城市内各反馈关系的变化；Ursula 的方法更接近 Forrester 教授，但他选择了一个更具代表性的落后和城乡结合地作为研究切入点，使得地理、人口和就业之间的反馈关系更为突出。

这些拓展对城市可持续更新系统的研究产生了重要启发。以上学者所提出的城市人口、住房、土地及就业等主要反馈回路都或多或少存在，但是根据城市旧城区本身的特征和发展现状，并不是每个反馈回路都能作为城市更新系统的主要反馈回路和影响因素，同时各个反馈回路也应按旧城区发展特点进行必要调整。例如，城市旧城区人口是建模的重要变量，其反馈回路比较特殊，根据可能的其他子模型，如房地产业子模型、商业子模型和旅游业子模型，将旧城区总人口划分为常住人口、本地消费者和旅游人口比较合适。常住人口为参与旧城区购房的主要人群，与房地产业子模型密切联系；本地消费者为城市其他地区短时间内存在于旧城区的人群，它

14

的存在以商业消费为目的，与商业子模型息息相关；而旅游人口则是以旅游为目的，短时间内在旧城区内居住和生活，它是旧城区旅游业消费的主要组成部分。由于系统划分原因，社区、服务、就业反馈回路可以不考虑在城市更新系统范围内。

（2）基于供求关系反馈的城市住房发展建模

多位学者对住宅发展系统动力学模型进行了研究、开发。城市最重要的特点之一就是拥有数量巨大的住房资产和有限的土地资源。住房与房地产业发展在整个城市经济中占有重要地位，作为固定资产市场的重要构成部分，住房市场的微小变动都会对社会、经济和绝大多数家庭产生极大影响。Hu Yucun（2003）以香港为例，建立了基于系统思考（systems thinking）的香港城市住宅发展系统动力学模型，通过分析香港住宅产业的需求与发展趋势，合理假设政策参数的变动，预测香港住房未来需求量。Huang Fulai 等（2005）通过建立住房供给子模型，结合国家对房地产销售与贷款政策及经济形势的关系，开发了房地产预警与预测系统动力学模型，并以深圳市为例对房地产市场发展状况进行了相关预警和预测。

从经济学角度分析，住房可以视为一种商品，然而由于土地资源的稀缺性，房地产业发展与其他普通产业的发展相比，具有自身特点。Hu Yucun 建立的香港城市住宅发展系统动力学模型更多的是考虑住宅产业的商品属性，从供求关系展开，不同与之前论述的区域发展政策的多重反馈回路模式，关注于住房的供求、土地的合理高效实用和投资前景是其最主要的特征。而 Huang Fulai 也是在此基础上结合了国家的宏观政策和经济形势进行分析。

住房子模型是城市更新系统的重要组成部分，但与以上的思路不尽相同。由于以上学者以住房为系统边界，单独研究住房，可以考虑和纳入系统的因素比较全面；而城市更新系统中，住房是包括在经济子系统内的住房子模型，为避免系统的冗长并抓住主要的旧城住房发展因素，子模型主要考虑的是以常住人口和拆除速度为基础的供求关系的反馈回路，同时兼顾考虑住房投资因素。这样处理，既兼顾旧城社会的特点，将住房子模型与其他子模型相联系，又能简化模型并减少预算时间。

(3) 基于投入产出反馈的城市基础设施建设建模

基础设施同时具有社会基础结构、公益服务和物质生产等多重城市属性，不同类型基础设施具有不同的特点。Kim Hin David Ho 等以香港为例，探寻港口面临多个竞争者压力之下吞吐量的结构动力机制，建立了港口动态行为模型（DPPM）以持续升级和更新港口基础设施。Xu Honggang 等（1998）在对中国高速公路研究后发现，质量和进度及其监控机制的缺乏是导致建设成本普遍增加的最主要原因；从项目管理的观点，建立一个针对成本超支的公路建设项目的系统动力学模型，其中也包括反映投入产出率的子评价模型。王其藩（1999）等在对长江流域的基础设施和经济发展问题长期研究后，通过综合投入产出分析，建立了基础设施的系统动力学模型，克服了经济学家对基础设施研究中缺少具体定量分析和各专业领域工作者缺乏考虑各领域之间相互作用的综合性缺陷，对基础设施与基础产业进行了综合定量分析，提出了发展基础设施和基础产业、社会和环境及产业结构调整的综合建议。

可以看到，基础设施涉及种类多，各学者的具体研究对象也不一样，但众多研究都关注城市基础设施的投入产出关系，一方面是由于基础设施的投入巨大，另一方面这也表明基础设施的投入产出效率是城市基础设施发展的最主要的循环回路。如 Kim Hin David Ho 对港口建设投入产出效率的分析建立在竞争者分析与自身吞吐量的预测技术上，Xu Honggang 对高速公路的发展建设更是以项目管理的观点关注项目成本控制，而王其藩等建立的基础设施系统动力学模型不仅关注经济效益，同时社会环境效益也成为主要的考量要素。

具体到城市更新系统，基础设施的资金投入对于旧城经济社会复苏有着很大作用，但旧城区经济社会发展包罗万象，只能关注特定某方面的基础设施的投入产出。因此，针对城市更新系统，本研究将各个方面的基础设施划分开来，在操作上将环境基础设施归入环境子系统，住房建设等归入住房子系统，商业和旅游相关的基础设施投入产出关系分别归入商业和旅游子系统。

2.2.3　系统动力学在城市建设规划管理中的研究评述

运用系统动力学分析项目管理系统，主要立足于工程项目活动计划不确定性的特点基础上。系统动力学的特点之一就是随着时间而改变，即项目管理者需要及时对项目的动态变化做出评估，增强对项目有积极影响的因素，同时减少消极影响因素。大多数人将建设项目失败的原因归结于不可控的外部因素，但有关学者指出，真正原因在于系统内部低效的组织构成、实践和建设过程。John D. Sterman 指出，城市建设项目是一类包含多重相互联系子系统的复杂系统，具有高度动态性、多重反馈回路、非线性关系的特点，同时涉及硬性（hard）和软性（soft）数据。Feniosky Peña-Mora 等提出，偏差（errors）与变更（changes）导致的系统内部循环回路的存在，使得城市建设项目呈现不确定性和复杂性（图 2-1）。而动态规划与控制的信息技术（DPM）在综合已有系统动力学关于质量和变更管理的核心模型基础上，能保证其方法在城市建设实际项目中的成功应用，并且随着基于网络（Web-based）环境软件工具的引进，扩大了应用范围。

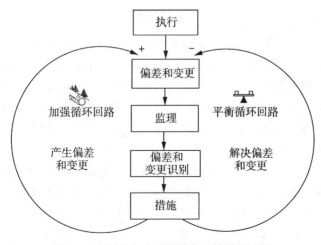

图 2-1　由误差与变更导致的反馈循环过程

另一方面，James M. Lyneis 等在建设项目过程模型中引入了上游阶段对下游阶段以及各阶段内部任务间的约束关系概念，将城市建设项目从战略管理角度延伸到项目规划阶段，提出建设项目的系统动力学模型，促进了项目战略管理的发展。该研究指出项目管理的三个重要结构，包括①已完成工作结构，即"返工反馈回路"（rework cycle）；②反馈对生产效率和工作质量的影响；③上游阶段对下游阶段的连锁效应。

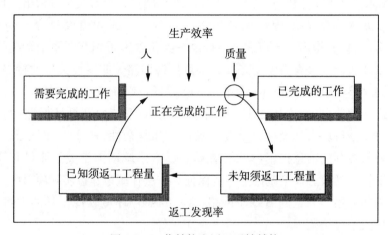

图 2-2　工作结构和返工反馈结构

如图 2-2 所示的工作结构和返工反馈结构，由 Pugh-Roberts/PA 咨询公司首先提出。此模型旨在强调延迟与索赔对工程项目的重要影响，运用表函数描述了整个阶段进展过程中，主要上游阶段对当前阶段的各种线性或非线性的约束情况，改变了之前的 CPM 和 PERT 中简单的完成—开始，完成—完成，开始—开始，开始—完成等前后工序间关系的描述。

具体到城市更新系统中，这种在城市建设管理中普遍存在的偏差和返工反馈回路体现得并不明显，主要由于系统边界划分的大小不同。城市更新系统的边界为旧城区，其核心的反馈回路偏重区域发展，而城市规划与建设系统中，其边界为建设项目，核心是以建设项目为对象的进度、质量、人力资源的各种影响因素；换而言之，后者作为边界相对较小的系统，其反馈回路只会影响自身，而对前者整个系统没有影响。因此，城市更新系统多数情况下可以不考虑偏差和返工的反馈回路。

2.2.4 系统动力学在城市环境管理参与中的研究评述

(1) 城市环境管理领域

Gaia 在《雏菊世界》(*Daisy World*)中提出一个不稳定平衡世界假设，即虚构星球上，存在黑白两种数量相等的雏菊，无外界扰动时这种平衡会一直保持下去；但是一个小小的扰动，就会导致巨大灾难。比如黑雏菊数量增多会导致温度上升，从而带来黑雏菊数量进一步增加；白雏菊数量增多也是亦然，从而陷入恶性循环。Andrew Ford (2003) 教授在其 *Modeling the Environment：An Introduction to System Dynamics Models of Environmental Systems* 一书中，以 Gaia 的雏菊世界假设为例，阐述了城市空气污染和气候变化的内在机制，通过建立系统动力学模型，探讨采用谨慎的财政政策、执行综合税制项目(Feebate programs①)从而改善城市环境质量的可行性。事实上，城市环境领域中，自然资源如同脆弱的雏菊世界，一旦环境反馈中某个自然平衡状态被破坏，整个城市环境就难以恢复到最初平衡。

该领域的代表性人物还包括 Brian Dyson 等(2005)，提出了城市固体废物管理系统动力学模型，针对社会经济和环境承载力，以预测单位家庭固体废物产出量为基础，阐述了经济活动与人口增长对家庭各方面产生的影响，提出了高收入家庭有产出更多家庭固体废物趋势的观点，同时也指出高收入家庭对参与垃圾循环处理有更强烈的意愿和动机。

总体而言，相比环境科学领域，系统动力学在城市环境管理领

---

① 综合税制项目设计上坚持"谁污染，谁付费"的原则。消费者可自由购买任何车辆，但如果选择高于或低于某个尾气排放标准的车型，可以享受一定优惠或者必须缴纳一定的额外费用。

域应用更为广泛。环境管理领域更具专业性，通常针对特定对象，如城市废水或固体废物等，如前所述，这种废水及废弃物的管理通常以预测产生量为重点，关注以城市环境承载力与废弃物产生量的反馈关系为核心的反馈回路。

环境系统是城市更新系统的主要子模型之一，其主要影响因素包括之前提到的社会经济和环境承载力等。由于土地资源稀缺和人口稠密的特点，旧城区的经济产业主要以商业、旅游业和房地产业为代表，其环境污染来源也多数来自以家庭或个人为单位产生的生活污水和固体废弃物。由于简化模型需要，作者假定单位个人产生的生活污水和固体废弃物为常数，而旧城区的环境承载力被设置成常量，则在环境子系统内，以人为主导的产业与环境质量之间关系就形成了其主要的反馈循环回路。

(2)环境管理公众参与领域

可持续发展与系统动力学家 Dana Meadows 曾指出，计算机模型仿真和系统思考是实现民主的有力工具，这些技术和方法论为更为透明和公开的公众参与提供了基础，帮助进行社会决策，这也是系统动力学科在人文和工程交叉领域的重大发展之一。在环境领域，公众参与环境发展决策的呼声越来越高，不仅因为公众参与是民众决策的基石，更是由于决策者能够通过公众参与使决策得以有效实施。

Krystyna A. Stave(2003)指出传统的公众参与模式很大程度上只是达到传递信息和吸引利益相关者(stakeholder)投入的作用。为解决此类问题，Krystyna A. Stave 运用系统动力学方法为环境发展决策的社会参与构建了一个结构性协议框架，即构建群体模型，如利益相关者参与政策制定，就会通过一个更为透明、更具参与性质的教育性框架来引导确保利益相关者决策的实施(图 2-3)。

系统动力学在城市更新系统中的社会参与应用是其发展方向之一，杨帆博士曾根据参与行为的组织形式，将旧城住区更新工程的公众参与系统划分了四个层内演化阶段，并提出了基于协同效应原理、自组织原理和适应机制的旧城住区更新工程公众参与的动力机制。但由于涉及社会参与的系统动力学基础为群体模型,其模型架构具有相对独立性,因此在本书研究的城市更新系统中,只设立环境子系统,而不单独涉及社会参与等人文因素。

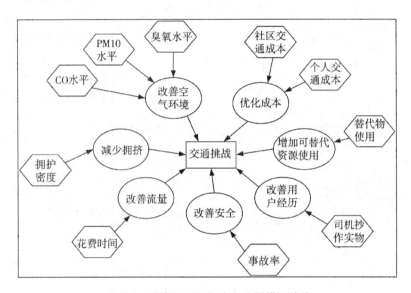

图2-3　环境问题与解决方法群模型路线

2.2.5　城市发展政策决策的系统动力学运用比较

系统动力学在城市发展政策决策中已有较为广泛的应用,核心在于针对城市发展中整体或局部存在的各种反馈回路进行分析,通过数量关系的比较研究,探寻城市发展动力机制。三方面研究的异同概括如表2-1所示。

表 2-1 城市发展政策决策的系统动力学应用的比较

领域	代表模型	代表学者	主要反馈回路	异同点
区域发展政策评价	区域发展政策评价	Jay W. Forrester Abdelmoneim Ali Ibrahim Kopainsky Birgit Ursula	关注人口、住房、土地和就业	1. 研究切入点不同 2. 研究的主线不同
	住房发展	Hu Yucun Huang Fulai 等	供求关系反馈	1. 结合国家宏观政策
	城市基础设施建设	Kim Hin David Ho 等 Xu Honggang 等 王其藩等	投入产出反馈	1. 基础设施类型不同 2. 效益产出范围不同
城市建设规划管理	分阶段的建设项目管理模型	Feniosky Peña-Mora 等	误差和变更与纠偏措施反馈	1. 反馈回路不同 2. 对建设项目阶段的划分不同
	基于偏差与变更的项目管理模型	James M. Lyneis 等	返工反馈回路	
城市环境科学管理	城市环境科学领域	Andrew Ford	城市经济和环境的多种平衡反馈	1. 反馈回路不同 2. 建模侧重点不同 3. 运用范围不同 4. 群体模型的使用
	城市环境管理领域	Brian Dyson 等	基于环境承载力反馈	
	环境管理公众参与领域	Dana Meadows Krystyna A. Stave	群体模型	

3 城市住区衰退演替理论与实践发展

3.1 对中国城市住区衰退问题的认知

3.1.1 我国城市住区加速衰退及其引发问题凸显社会发展公平与效率的严重失衡

中国城市的急剧扩张导致了城市社会空间的深刻变化，住区衰退速度明显加快。欧洲住宅平均寿命在 80 年以上，许多存在一百多年的住区仍然充满活力，而我国住宅设计寿命为 50 年，但实际平均寿命只有二三十年。这种加速衰退不仅体现为住宅的物质性老化和提前拆除，城市住区内在损耗更为严重。伴随而来的是住区居民贫富差距迅速扩大，原有社会资本严重流失，社会分化与组织结构离析现象日趋凸显。城市弱势群体快速增加与扩散不仅出现在城乡结合部，内城区也不能幸免；土地价值的突变引起的不当建设活动引发了一系列重大的群体冲突事件，增添了社会不安定因素，极大影响了和谐社会的建设。

作为基本组成部分，住区可以视为现代城市社会的细胞。城市住区容纳了近一半全国人口，还包括上亿的流动人群以及每年新增的一千多万城市化居民。只有城市住区健康发展，才能保证城市居民充分享受城镇化建设所带来的经济发展和社会进步的成果。上述城市住区衰退的加剧并不是城市发展的初衷，直接反映了城市扩张与更新中公平与效率的失衡。城市住区衰退问题的研究和解决，关系到城市的全面可持续发展和"以人为本"发展理念的实现。

23

3.1.2 城市住区衰退与演替机理的研究对实现城市可持续发展具有重要现实意义

开展对城市住区衰退问题的研究是城市发展从物质取向到以人为本的回归，顺应了可持续发展的时代潮流。社会发展与社区发展的整合是人类发展的第三个阶段，而现阶段大规模快速的城市扩张隐藏着一系列社会和环境等方面的"建设性破坏"。我国处于经济发展和社会转型过程，社会阶层化、社会矛盾激化、住区空间异化等一系列困扰住区发展的新问题亟待研究和解决。尤其是在结构性和制度性因素影响下，中国城市居民分化现象加剧，住区衰退与边缘化趋势日趋严重。具体空间模式下多种相互交错的社会、经济、人文因素，特别是对住区衰退因素的重视和认识不到位、政府调控机制的错位和缺位，共同引发了目前城市住区加速衰退现象的凸显。

开展城市住区衰退问题的研究是城市发展从外在环境改造到社会内部重建的超越。城市社会空间结构一旦形成，就具有相对稳定性。从西方社会城市的发展历程可见，社会和空间分异造成的社会问题比单纯的物质复兴和环境建设问题要难解决得多。以系统动态视角，运用工程社会学对城市住区衰退多因素研究及其演替路径进行探讨是实现城市可持续发展必然要求。

3.1.3 城市住区衰退与演替机理研究对拓展住区发展管理领域具有重要理论意义

城市住区衰退与演替机理的研究将城市住区发展周期理论这一社会问题的命题用数学和工程化的新途径加以解决，以系统、动态和过程为导向的视角来看待住区发展问题，改变传统的仅从社会学角度去解决弱势群体等社会问题的单一研究范式。住区发展周期的指标化和定量化扩展，为深刻理解城市住区发展过程中物质的损耗和内部特质的衰退提供了理论解释，为相关区域与住区发展社会预警体系与决策系统提供了前期理论研究基础。

现阶段，对于城市住区发展与管理的研究多集中于住区建设前期的讨论，如房地产开发与管理理论等，而住区物质实体的消耗和居民社会问题的恶化主要在住区发展的中后期凸显。对城市住区衰退与演替机理的研究将城市住区建设的关注点由前期转向了住区发展的全过程和全方位，部分补充了建设工程生命周期的中后期理论，从多角度拓展了城市住区发展管理的内涵与外延，丰富了城市与住区建设管理理论体系。

3.2 国内外对城市住区衰退机理的理论研究与发展

近年来，城市住区的衰退机理已成为国内外学者研究的焦点和热点，研究主要集中于住区衰退成因和影响、住区衰退治理和更新方法以及住区演替发展趋势和选择方面。由于视角不尽相同，使得对城市住区衰退成因与影响带有各自学科的特色，宏观经济学关注全球化与城市发展，城市经济学关注区域经济，城市社会学关注住区居民，它们都聚焦于城市住区衰退问题；城市住区治理与更新的研究秉承了从厚到薄，从大到小的思路，从城市逐渐聚焦于住区建设行为，又将住区置于整个城市去研究；城市住区的趋势和选择方面，由于经济发展阶段的不同，发达国家和发展中国家面临的问题不一，发达国家致力于住区融合，而发展中国家致力于减少贫困，但两者都有共同的趋势就是积极倡导公众参与在城市住区发展中的作用。国内外有关住区衰退机理研究分析思路如图3-1所示。

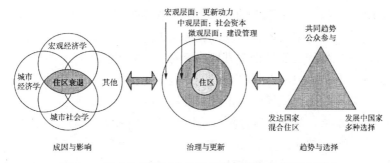

图 3-1 国内外有关城市住区衰退机理研究分析思路图

3.2.1 城市住区衰退成因与影响的研究评述

促使城市住区加速衰退的原因错综复杂，不同领域学者的意见也存在差异。多数学者认为，城市参与全球化竞争是城市住区衰退的主要原因，发展失衡导致了住区居民的失业和贫困，而贫困的扩散与聚集会破坏长久以来低收入群体形成的社会网络和拥有的社会资本。同时，对于城市建设与发展，低收入住区在自身筛选作用和外部环境影响的双重作用下对建设活动尤为敏感，出现了经济性损耗，也构成了住区衰退的主要成因。另一种观点是从城市衰退和演替周期的视角看，认为内城住区衰退周期与城市周期相一致，即住区随着城市衰退而衰退，并呈现稳定的正相关变化过程；部分学者对住区衰退也提出了相对温和的观点，认为经济发展和社会转型过程中，城市住区的阶层化变迁趋势是其必然结果，收入差距的加大、住宅商品化和市场化、职业流动性和城市化进程都导致了传统住区的解体。有学者甚至提出，从城市政策、社会资本和建设行为连贯性等方面考虑，提升住区容纳贫困人口的承载力在一定程度上有利于缓解区域性的住区持续衰退与贫困现象。

对于城市住区加速衰退的影响和危害，研究表明社会分化与居住隔离是其重要影响和特征表现。从城市住区衰退成因方面分析，经济重组与社会转型导致了城市住区衰退和社会分化的产生，这直接驱使城市社会阶层的分化，其过程是通过对城市空间资源的不同占有反映到城市空间中的分化与居住隔离。同时，衰退也导致住区原有的社会资本发生隐性的扩散，居民的社会网络趋于瓦解，这些变化与由于经济结构调整引发的住区土地价值的突变共同作用，形成了住区更新和变迁过程中人地冲突对立。城市住区衰退的影响还表现在社会结构方面，那些处于城郊地带的住区，由于城市扩张的极大影响，村民大规模转为市民，而相应的社会保障等社会问题未得以妥善解决，再就业等经济方面阻碍了其融入整个城市的发展进程；而内城中的住区由于失去原有社会资本，经济上渐渐被排除在城市主流之外，导致弱势群体增加与聚集等一系列的社会问题。这种由社会和经济问题相互转换共同构成了住区衰退中的结构性症结。

3.2.2 城市住区治理与演替更新的研究评述

对于城市住区治理与演替更新的研究，研究者分别从城市到住区，从宏观到微观的角度对城市住区治理和演替更新进行了探讨，试图从不同层面探寻住区治理和更新的有效途径。

宏观层面上，研究聚焦于城市住区更新的动力机制，认为城市住区的治理与更新事实上是城市功能进行重塑和资源再分配的内在需求。对于大城市旧城住区更新的建设行为，大多受到政府对城市结构调整和居民对居住环境改善的双重驱动而产生。除了经济社会发展驱动的传统观点外，由于近年城市文化产业的强劲发展，文化资源驱动城市住区改造和更新也成为近年来后工业城市的中心议题。这种以文化为主导的城市住区更新方式，强调整合地方住区文化资源进入城市区域更新项目，挖掘衰退住区空间与文化潜质以提升更新效果。

中观层面上，研究着重于城市住区更新中的社会资本，强调社会资本对住区改善的重要性，提出需利用住区社会资本改善综合环境，关注社会资本转化成其他资本的能力。住区社会资本总量的多寡与分布状况，决定了住区活力和凝聚力的强弱以及住区治理的绩效。特别在住区经济发展方面，研究表明在社会资本方面不仅要提高住区居民货币形式的财富，更重要的是增加包括居民个人的选择和机会等方面的非货币形式的财富。

微观层面上，研究关注于城市住区更新中的建设管理，其中特别就发展中国家基础设施建设与城市住区发展的矛盾进行了讨论。住区基础设施工程的启动、融资、设计和实施过程中，社会资本对建设资源起着调动作用。而在其中的规划与设计环节中，强调要将住区意识融入住区设计中，特别注重考虑住区软设计，如住区同质性、居住期限、婚姻和家庭状况等方面，改变传统设计方案，注重空间依附和社会联系的设计，同时强调住区社会过程在形成和保持住区意识上的独特和重要的地位，以防止和缓解由于住区建设和规划不合理带来的衰退和居民分化。

3.2.3　城市住区发展趋势与选择的研究评述

公众参与是住区发展演替的必然趋势。之前人们通常认为的住区参与度低的原因存在误区，现有的自下而上的更新政策大部分都是建立在这些存在缺陷的假设上，并未真正了解居民参与政策的动机。解决此问题需要决策者站在居民立场，深入理解这些不同住区的特定社会文化环境，包括文化资本、知识及其社会支持网络。对于那些城市中心极度贫困的住区，公众参与缺失和误导问题更为严重，应在社区激励机制的引导下，在增强住区意识信任的前提下，通过住区行为建立信任，以增加整个住区的参与和融合。

混合收入型住区是发达国家住区发展的方向。在美国和西方发达国家，决策者已经将关注点转向了发展混合收入型（mixed-income）住区，政府将发展政府补贴与市场相结合的混合住区作为缓解城市贫民集中的重要途径。混合收入型住区的发展思路重新定位了城市再开发的战略目标，即关注住区的低收入群体，形成以推动健康的邻里生活的环境、机会和社会共识来发展型混合收入住区，通过对居民和利益相关者的调查，提出了住区管理者应通过参与机制、住区活动和住区关注的项目来增强住区的互动，通过关注物质设计、住区规范和机构形成住区的结构和功能。

发展中国家住区更新及演替面临多种道路和选择。发展中国家的经济水平、历史文化与政治制度各不相同，在面对住区衰退问题上应结合国家国情选择自己的道路。对于城市贫困住宅发展项目，有研究提出基于知识（knowledge-based）的社会网络是城市贫困住宅发展计划的基础，安全的保障和房屋环境的改善是所建成的住区不会重新变成贫民窟的关键，与相关机构和非政府组织的联合是此类项目成功的途径，在贫困住宅发展项目中须用渐进式开发模式并以公众视角理解住区发展问题。与此同时，应倡导以住区为基础的区域化发展政策，注重合作和区域治理的过程，弱化偏执的地区政府的行为。通过住区区域化的融合，在平衡地区矛盾和相互合作基础上，创造更多的就业机会，使得衰退中的住区从中获益。对于在贫富发展不均的发展中国家，应以平衡增长压力、关注住区状况、适应城市结构层次和战略的相互作用等多方面为导向发展和更新城市住区。

3.3　城市住区衰退机理与演替机制研究的比较与分析

城市住区的衰退问题涉及经济、社会和文化等多个领域，基于不同学科领域对住区发展的视角和关注点不相同；作为基本组成部分，住区又可视为现代城市社会的细胞，对住区衰退的研究，研究者通常将小住区置于大城市或更广阔的社会范围中从住区和城市的关系方面诠释和分析住区衰退的特质和趋势。基于此，对城市住区衰退机理进行了综合比较与分析，结果见表3-1。

表3-1　　城市住区衰退与演替机理研究的比较与分析

	关注点	主要观点	异同点
衰退成因与影响	成因	①城市参与全球化竞争，发展失衡导致失业和贫困；②住区发展周期与城市经济周期基本一致；③贫困扩散影响社会网络与社会资本	①宏观经济、城市经济、社会学不同领域；②经济社会视角不同；③宏微观面不同
	影响	①阶层占城市空间资源致居住分化；②强弱连带作用差异；③邻里同质社会网络的退化，异质社会网络的缺失	①城市资源、规划技术、社会发展角度不同；②空间分布和社会网络关注点；③宏微观面不同
	温和观点	①经济发展和社会转型必然；②住区贫困人口承载力提升有助缓解住区持续贫困	①观点相对温和；②宏微观面不同

续表

	关注点	主要观点	异同点
治理与演替更新	宏观	①城市功能重塑和资源再分配需求；②城市结构调整和人居环境改善驱动；③文化主导的城市住区更新	①宏观层面；②资源、结构、人居环境、文化切入点不同
	中观	①社会网络转换社会资本能力；②社会资本分布决定治理绩效；③注重提高住区非货币形式的财富	①关注社会资本；②中观层面；③实施不同效果
	微观	①社会资本积极调动住区建设资源；②社会过程促社区意识形成保持，关注住区软设计	①微观层面；②实施阶段不同
演替趋势与发展选择	共同趋势	①参与方案须结合文化资本和知识及其社会支持网络；②住区行为测试和建立信任。	①以人为本的实施方向；②社会网络和住区行为为关注点；③实施基础不同
	发达国家	①补贴与市场结合的混合住区推动环境、机会和社会共识；②形成参与、活动和住区关注项目。	①混合收入住区发展模式；②宏观和微观层面不同
	发展中国家	①强调社会网络、安全和环境改善；②强调住区区域化政策；③强调平衡增长压力	①贫困人口为关注点；②国家发展阶段不同；③宏微观层面不同

3.4　发展趋势及对中国的启示

3.4.1　理论发展趋势

各领域对城市住区衰退成因的研究相对独立，使得多种学科的穿插和综合研究带来一定障碍，经济社会快速转型下的住区衰退影响因素及其相互作用系统研究略显不足，各领域间的研究成果借鉴相对薄弱，如城市宏观经济周期的研究成果用来直接指导住区规划建设的具体实践不多。在学科融合和交叉的背景下，跨学科的综合研究及各领域研究成果的相互借鉴将是城市住区衰退研究的理论研究趋势。

在关注较多的居住空间分布方面，有关住区居民经济与社会环境因素的传递模式的系统研究不足，而此种经济社会问题的传递是住区居住空间分异的主要原因。不同属性的阶层居住不同的居住空间，这种地理空间上的居住隔离对理解社会变迁和城市管理有效性有着重要意义。另一方面，探寻其结构离析的过程和分层的机理以探讨微观个体在居住空间范围内社会分层结构中的空间表达，对于促进社会融合有积极作用。

住区更新在城市区位上的横向比较研究相对缺失。由于传统城市发展区域的划分，使得住区治理与更新在城市中心和边缘区的研究相对隔离，而两者间本质上是同一事物的不同发展阶段，极具可比性。如住区空间分异方面，城市边缘住区衰退显示出向城市中心接近的趋势，而处于城市中心的内城住区衰退过程呈现向城市边缘扩散聚集的趋势，趋势截然相反；而住区居民对城市建设的响应机制方面，两者又都处于主观调整而被动接受状况。对比研究有助于更好理解住区衰退形成的内涵和外延，揭示住区演替的理论内核。

3.4.2　对中国城市住区建设的启示

我国城镇化率以每年超过 1% 的速度增长，2012 年已达52.57%。2012 年我国住房投资高达 49374 亿元，在复杂严峻的国际经济形势和艰巨繁重的国内改革发展稳定任务背景下仍然增长了11.4%，住房竣工面积 99425 万平方米。城市住区容纳了近一半全国人口，还包括上亿的流动人群以及每年新增的一千多万城市化居民。城市弱势群体的增加和聚集加剧了住区衰退问题，这显然不是城市发展的初衷，它直接反映了我国城市扩张与更新中公平与效率的失衡。

从西方社会城市的发展历程可见，探讨城市住区衰退的人的因素是解决我国城市住区衰退问题的关键。住区衰退问题归根结底是人的发展与需求问题，要特别关注中国城市中的弱势群体问题。同时，注重城市衰退住区的综合质量和内部重建。城市住区衰退问题的是城市发展从外在环境改造到社会内部重建的超越，城市社会空间结构一旦形成，就具有相对稳定性。社会和空间分异造成的社会问题比单纯的物质复兴和环境建设问题要难解决得多。探讨城市住区衰退的人的因素是解决我国城市住区衰退问题的关键。只有城市住区健康发展，才能保证城市居民充分享受城镇化建设所带来的经济发展和社会进步的成果。

4 城市资源的经济外在性与城市更新

4.1 城市经济资源与城市更新

4.1.1 城市经济资源的概念与分类

在经济学中，资源指的是不同于地理资源的经济资源。经济资源的概念应该从经济学研究资源的目的去理解。经济学研究资源的目的是社会有限的资源通过合理配置产生最大的社会效益。因此，城市经济资源所研究的资源必须具备这样一些特征：一是有用性，即必须是为城市中生产或消费者所需求的资源，也就是说它首先要对城市经济生活有用，如水源。城市经济生活中不需要的东西，不是城市经济资源。二是稀缺性，即它的社会需求量和存在量有差距，并非取之不竭，如土地。不稀缺的东西不存在经济学上的分配，因而也不是经济资源。三是可选择性，它的用途必须是可以选择的，如森林和矿藏，有用且稀缺的东西如果只有一种用途，无法选择，也不属于经济资源的范畴。因此可以说，城市经济资源是指一切直接或间接地为城市延续和发展所需要并构成生产要素的、稀缺的、具有一定开发利用选择性的资源，是编制城市规划的核心要素之一。

城市经济资源根据其成因、作用和形态等方面存在的差异可分为四类：第一类是自然环境资源，它包括土地资源、水资源、矿产资源、生物资源等；第二类是社会文化资源，包括社会制度、历史文化底蕴、社会成员素养等；第三类是资本资源，包括非货币形式的有形资源(如厂房、设备)、货币资本资源等；第四类是信息资源。自然环境资源是各类资源形式的物质基础或终极来源，社会文化资源是经济资源的核心动力，资本资源是自然环境及社会文化资源的升华，各种信息资源则是自然环境资源、社会文化资源、资本资源运动的相互联系方式。自然环境资源、社会文化资源、资本资源和信息资源只有相互结合并合理配置，才能在城市经济增长和规划建设中发挥引导、促进和保障作用。

4.1.2　城市经济资源的合理配置与市场失灵

城市经济资源是城市命脉的给养，能否合理配置关系到城市的整体健康发展。城市经济资源的配置是指该资源在何时、何地和由城市中的何种部门使用多少数量和多长时间。由于资源的有用性、稀缺性和可选择性特征，城市经济资源合理配置的目标可以表述为使用有限的资源产生最大的效益或者是为取得预定的效益尽可能少地消耗资源。基于资源合理配置目标的资源配置原则包含经济效益原则、社会效益原则及生态效益原则，对城市规划中一个具体的资源配置方案，必须全面衡量各种效益及利弊，按综合效益原则实行资源分配，才可能实现城市经济资源最优配置。

市场经济条件下的城市资源分配是基于市场原则的，市场经济制度的主要优点在于其资源配置的效率，但也不是完美无缺的。尽管理论上可以证明，在完全竞争的条件下通过价格的自发调节，能使整个经济自动地趋于和谐与稳定；但实际上由于现实经济生活与理论模型的差异，这种均衡状态是很难实现的。正因为如此，在现实经济生活中便产生了种种使得价格对资源的配置功能不能正常发挥作用的所谓"市场失灵（market failure）"现象。"市场失灵"不仅使资源配置的效率降低，资源配置的合理性也会受到很大挑战。

导致市场失灵的原因有很多，包括信息的不对称、垄断、公共产品和经济外在性等，其中经济外在性是导致市场失灵的重要因素。由于这些因素的存在，在对城市更新与管理中，政府作为公共利益的代表在必要时须对市场进行干预。城市更新中政府对城市建设、资源保护、土地利用安排等方面干预和管制的主要理由在于如果不对城镇化的动力和方向加以规划调控，城市的生活、生产环境

34

将会出现一系列影响当地社会和经济发展的严重问题。从可持续发展观而论，城市资源的可持续利用是实现城市可持续发展的首要任务，是实现经济可持续增长、环境可持续改善、社会可持续公平的前提和基础。

4.2　城市资源的经济外在性与城市更新发展

4.2.1　经济外在性与市场失灵

经济外在性即通常所说的外部经济效益，指的是一种经济活动（交易、生产、消费等）的没有完全被市场价格所反映的额外成本即收益。在人口和经济活动聚集的城市中，外在性是普遍存在的，既有负的（消极）外在性，也有正的（积极）外在性，它们影响着城市生活的各个方面，如城市公益性设施的建设与经营。由于这些外部经济效益的存在，往往会使得当事人对某项经济活动的成本与收益的评价和社会的相应评价产生差距甚至对立。在这种情况下，单纯依靠市场的力量，很难使资源配置达到一种最优状况，即产生了所谓"市场失灵"的现象。因为在各类主体分散决策及各自追求利益最大化的条件下，各个当事人通常只站在自己的立场考虑该项经济活动对自己的直接成本和直接利益的影响，而不会过多计量外部效益，如大多数企业和部门对城市空气、废水污染治理规划缺乏参与热情。

4.2.2　自然环境资源的经济外部性与城市更新发展

在市场条件下，城市环境资源的直接和间接开发利用目的是讲求效率和收益的最大化，但过分强调实现资源优化配置的市场机制将导致不利于环境保护的后果。在经济学中，关于外在性的研究最先是在环境领域产生的。1920 年代，英国经济学家阿瑟·庇古（Arthur C. Piguo）研究发现，在商品生产过程中，生产者所承担的那部分私人成本与社会成本（通常是受污染影响的人和企业所付出的外部成本总和）存在着差异，这便是污染问题，而污染造成的各种损失未能在企业的生产成本中得到反映，也就是私人的经济活动产生了外部成本（图4-1）。庇古认为，外部成本不能在市场上自行消除，而是将经济上的不利因素转嫁他人，这一过程又往往发生在生产和交易过程之外，不受市场力量的约束，不对生产者构成财务约束。因此将导致过度地开发利用自然资源，并直接影响到环境资源的永续利用。

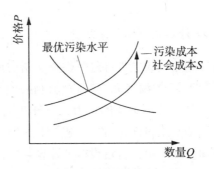

图4-1　城市环境资源的经济外部性

以大城市旧城区环境改善规划为例：城市环境资源的经济外部性主要体现在：对旧城丰富历史环境资源的过度开发和破坏，对旧城住区环境质量的衰退熟视无睹，企业、单位个体追求自身的利益最大而导致旧城区长期存在环境"脏、乱、差"等严重问题。在武汉市江岸区城市更新改造项目中，坚持规划先行，编制了"旧城住区环境质量可持续改善规划"，制定了旧城住区环境质量可持续改善规划政策，完善了规划配套措施，加强了规划控制与管理。旧城住区更新改造立法与规划控制，旧城住区历史风貌保护与资源充分利用，采用渐进式更新改造方式替代大规模拆建传统改造方式，改善旧城住区改造与城市人口社会问题，旧城住区维修管理科学化现代化，并对示范项目实施与推广，武汉市江岸区城市更新改造项目中黎黄陂路功能空间示意图如图4-3所示。通过提高破坏自然环境资源的成本，使外部成本内部化，是遏制城市自然环境资源的负外在性发展的重要途径。

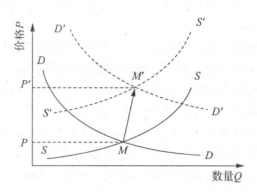

图 4-2 历史建筑价值的经济外部性扭曲

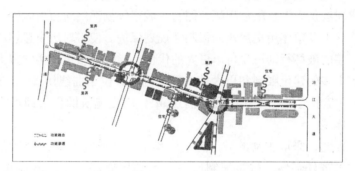

图 4-3 EMCP 项目中武汉江岸区黎黄陂路功能空间示意图

4.2.3 社会文化资源的经济外在性与城市更新发展

社会文化资源同自然环境资源一样，同样存在这经济外在性，以历史名城的历史建筑保护为例。随着城市的成长，会经历一个从建立、发展、兴盛、衰败、更新到复兴的过程，在城市更新中，中外城市都遇到历史建筑保护的问题。需要保护的历史建筑多数已达到或超过了它的使用期限，在图 4-2 中，曲线 DD 和曲线 SS 分别代表历史建筑的需求和供给曲线，两曲线相交与 M 点，即为历史建筑的供求平衡点，可以看到，从纯经济角度上讲，普通历史建筑的现实社会实用经济价值已经很低，对其进行保护和修缮需要另外投

37

入大量资金，从经济价值角度来讲是不划算的，但这并不是我们看到的全部信息。

我们所说的历史文物建筑，不仅包括个别的建筑作品，而且包含能够见证某种文明、某种有意义的发展或某种历史事件的城市或乡村环境，这不仅适用于伟大的艺术品，也适用于由于时光流逝而获得文化意义的过去不重要的作品。可以说历史建筑本身包含了除经济价值本身以外的人类社会传承的情感价值和文化价值，这些价值是历史建筑存在的灵魂，但往往这些价值不能为经济价值所体现。因此，在历史性城市更新管理中，政府必须通过城市规划管理对历史建筑保护进行强有力地干预。图4-2中，由于考虑到历史建筑的情感价值和文化价值，历史建筑本身的价值得到体现和增长，需求曲线从 DD 上升为 $D'D'$，同时，城市规划部门对历史城区、历史街区以及单体历史建筑的强制性规划保护，使得对历史建筑和特色风貌的破坏行动需要付出更大的代价，增加更多更严格的审批程序，更多的建设限制和更大的处罚，因此，供给曲线用 SS 上升到 $S'S'$，需求与供给再次达到平衡点 M'，历史建筑的价值即可得到合理体现。

因此，采取主动的城市规划干预手段能有效削弱社会文化资源的经济外部性。科学编制历史城区和历史建筑保护改善规划，不仅能有效保护和利用旧城区社会文化资源，充分实现其情感价值和文化价值，还能大大提升城市的文化品质和可持续发展能力。

4.2.4　城市公共产品和共有资源与城市更新发展

公共产品是指满足一组特殊条件的物品（或服务），在这些条件下，私人市场或者根本无法提供一种商品，或者可能在商品存在时不能正确定价。虽然从严格的经济学定义上讲，城市的公共服务设施和公共服务产品都不是纯公共产品，但却在某种程度上均具有公共产品的特性。事实上，公共产品可以看做是正的外在性的极端情况。共有资源是与外在性和公共产品相联系的概念，它是指任何人都可以自由得到的资源，例如空气和水就是这类资源。公共产品和共有资源的特点是非竞争性和非排他性，在增加一个人对它分享时，并不导致成本的增长，即它们的消费是非竞争性的；而排除任何个人对它的分享却要花费巨大成本，即它们是非排他性的。例如，居住在城市中心区拥挤社区的原居民可免费享受优越的城市基础设施、文教体卫等高品质公共产品和服务，但要将他们外迁到郊区需花费高昂成本。

公共产品与共有资源供求问题的难点，并不在于应该由谁来提供这些物品和劳务，而在于提供多少这类产品和劳务。由于它们的特殊属性，致使"搭便车"现象很容易发生，这里指的是不支付或只支付很小的代价而获得某种收益或享受某种好处。从经济学角度看，任何一种物品的生产只要存在正的外部效益，"搭便车"现象就难以避免。对于公共产品和共有资源，一旦生产，任何人都可以无偿使用。在这种情况下，任何一种经济控制手段都无法保证基于个人理性的各个社会成员真实地反映他对各种公共产品和共有资源的需求。如要求各个社会成员按其申报的愿付代价分担某项公共产品的开支，则多数社会成员都会倾向于低报愿付代价；而如果要求各个社会成员平均分担该项公共产品的开支，并由此决定该项产品的供给数量，则需求强烈的社会成员将普遍倾向于高报愿付代价，而需求较弱的社会成员将普遍倾向于低报愿付代价，因此真实的社会需求无法测定。而从福利经济学角度看，在人们不流露其真实偏好的情况下，将无法实现公共产品的最佳供给，即所谓的帕累托最优资源配置状态。

因此，作为城市公共产品和共有资源的分配手段，在城市规划当中，要排除个人效用的可能性，即采取广泛的民主参与机制，让更多的人能够享受到社会公共资源，提高整个社会的福利水平，以此避免资源集中的地区和人群越加富有资源，而资源贫乏地区更加资源贫乏的资源区域富集现象，减少不公平分配和城市贫富两极分化的产生，改善旧城住区弱势群体居住环境质量。

一个成功的规划建设范例是武汉市的汉口江滩更新改造工程。长年以来，汉口江滩是武汉市防洪抢险的重点地段，每年被动投入无数公共投资筑堤垒坝，且造成江城市民不见江水的滨江自然资源浪费后果，2002年起，市政府确定了"疏浚河道，加固堤防，提高防洪能力，改善城市形象"的规划新思路，对全长7007米、平均宽160米的江滩岸线进行了整合整治，将其建设成为面积达114.6万平方米的全国规模最大的江滩绿地，形成了以绿色为基调，亲水为主题，地域文化为底蕴，市民与江河自然和谐，极具滨江特色的新的城市环境资源。带动了周边城区经济发展，大大提升了武汉市的城市品质和形象，实现了城市公共产品生产的最佳综合效益和城市共有资源的可持续保护利用与分享。建设规划总平面图如图4-4和图4-5所示。

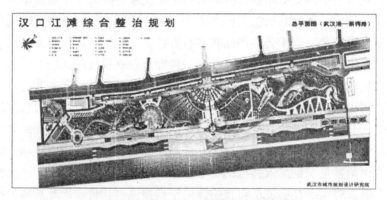

图4-4　汉口江滩一期建设总平面图

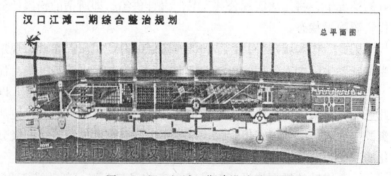

图4-5　汉口江滩二期建设总平面图

4.3　城市资源中的市场原则与城市更新原则

市场和规划作为城市资源保护和利用的两种管理手段相辅相成，互为补充和修正。针对城市资源经济外在性情况下市场失灵的政府调控手段之一，城市更新需要做好以下三个方面工作：

(1) 坚持公众利益最大化原则

在城市资源市场化运作过程中，城市更新要建立一套系统的城市中各经济活动单位共同遵守的共有资源开发利用和保护的准则，该准则应针对市场对外在性的失效状态而制定，它应具有法律执行效力和契约保障作用，可以有效地遏制负的外在性，促进公共产品的供应，以保证市场中个体对其自身利益的追求限定在不损害公众利益的范围内。

(2) 坚持社会公平原则

在城市经济建设活动中市场个体的某些行为虽然并不产生负的外在性，却会导致极端的社会不公平或者城市中的弱势群体缺乏进入市场的能力，城市规划管理部门应在市政公共设施的配置和市政公用失业服务的提供上，坚持以保障基本的社会公平为标准，合理地配置城市土地、基础设施、市政公共服务设施，以保证所有居民享受适当的生活居住条件和环境，构建和谐城市、创造优良的物质和社会空间。

(3) 建立城市资源合理配置协同机制

在城市化进程不断加速，城市资源不断耗用的情况下，城市更新协同体制要以资源的数量与结构、发展水平、经济体制、文化背景、经济环境为要素，以经济社会环境综合效益为目标，达到城市资源分配的最优、长效和公平，实现城市资源的可持续利用和城市发展规划的可持续实施。

5 基于可持续发展的城市更新系统

城市的演变过程如同生物体不断进行着新陈代谢，通过逐渐摒除落后不合理的成分，吸收新鲜积极的因素，不断优化自身功能。旧城区作为特殊的城市系统，分析其机能衰退的原因和演变机理以为城市建设协调发展提供科学决策依据。通过分析城市更新系统的动力结构特性，可为城市系统及其更新项目的实施提供最佳决策路径和方法，使城市更新系统的建设活力实现由单个到综合、由无序到有序、由结果的不可知到可预测的运行模式转变。

5.1 城市更新系统的动力结构特性

城市是社会经济依存的主要载体，旧城区是城市的有机构成。从其演变进程看，旧城区的发展时而表现为平衡状态下的局部调整，时而表现为非平衡状态下的整体变革；而城市的非平衡状态是绝对的，平衡状态是相对的，平衡状态下表现为协调和稳定，非平衡状态下孕育着生机和活力。同时，过度的非平衡会导致冲突，过长时间的平衡常常意味着停滞。因此，城市的发展是平衡→非平衡→再平衡的循环上升过程。如图5-1所示。

通过探讨城市更新系统中的各子系统和各相关影响因素的动力特性及它们之间的相互影响关系，建立系统动力学反馈循环回路，探索城市更新系统存在的瓶颈问题和可能采取的优化途径。

5.2 城市更新系统的熵增原则

系统论观点认为，城市首先是一个社会系统，从城市诞生伊

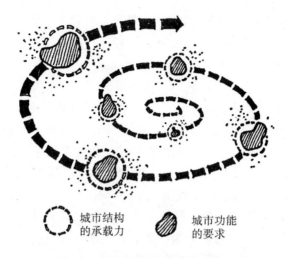

⸺ 城市结构 ⬤ 城市功能
的承载力 的要求

图 5-1 城市功能与结构的循环演进

始，其功能就在不断转变，现代意义上的城市已发展成为一个超级的综合社会系统。城市"可持续发展"的核心理念要求人类在城市系统中的一切经济、建设和社会发展活动都不能超越资源和环境的承载能力。

作为城市可持续发展子系统之一的旧城区是一个开放性系统，可用热力学第二定律进行诠释。孤立系统中，热量是由高温物体自动地流向低温物体，直到热量平衡、能量均匀分布为止，即孤立系统中的自发过程总是使得系统的熵增加。而熵（entropy）是描述系统无序性（即混乱度）的物理量，系统吸收的能量除以系统本身的温度被称为熵，有：

$$熵 = \Delta Q/T = \Delta S，用微分表示为 dS = dQ/T \qquad (5-1)$$

式中：T 为物体的绝对温度，ΔQ 为物体增加的能量，称熵的增加。所以，熵描述系统能量变化，表示系统发展的稳定状态和变动方向：一方面表征系统能量分布的均匀度，当 dS 增加时，说明能量分布趋向于均匀，当 dS 减少时，说明能量分布趋向于不均匀；另一方面也表征系统内部的混乱程度。

开放系统的熵可分为两部分：熵产生（d_iS），是系统自发过程中熵增加；熵流（d_eS），是系统与外界交换物质与能量引起的熵变化。设开放系统总熵的变化为 dS，则有开放系统总熵的变化为熵产生与熵流之和，即：

$$dS = d_iS + d_eS \qquad (5-2)$$

根据熵增定律，$d_iS \geq 0$，而 d_eS 可以为负数，只要输入开放系统的能量与物质熵低，而输出系统能量熵高，输入与输出的熵差（熵流）就为负数，即负熵流；$d_eS \leq 0$，只要负熵流（d_eS）足够强，开放系统总熵的变化也为负数，即 $dS = d_iS + d_eS$。因此开放系统保持熵减状态的充分必要条件是：$d_iS < d_eS$。

熵增原则视角下的可持续系统要保持其持续性，就必须保持"耗散结构"。一个远离平衡状态的开放系统，只要通过不断与外界交换物质与能量，在外界条件的变化大到一定阈值时，可以从原有的混乱无序状态自发地转变为一种在时间上、空间上或功能上的有序状态；即输入的影响达到一定程度时，相关系统可以从原来的混乱状态自发转化为有序。这就是在远离平衡情况下依靠外界能量耗散维持的结构系统，故称为耗散结构。

对于城市系统，一方面从外界输入负熵流，即输入能量、物质和信息，包括从自然界中吸收的阳光、雨水等自然资源，以及来自其他发展区域的诸如原材料、资金、劳动力和信息等生存发展要素；另一方面，系统自身提高资源（能量、物质、信息、科学技术）的利用效益，也减少系统内的熵增。从经济学观点分析，这里的熵就是表示资源可利用的难易程度。城市系统的熵增原则可用下图中旧城区熵容器形象表示（图5-2）。

旧城区自身具有达到动态平衡的能力，但是由系统熵增定律可知，旧城区熵值一般都已达到较高水平的警戒状态，且呈现不断增加趋势。从城市更新与再开发角度分析，新概念（信息等）的引入、新能量流（建设活动等）的流入不可避免；城市社会生态系统的功能重组，概念多样化、能量途径多样化更有利于城市系统的平衡并趋向稳定成熟的状态。旧城区需要通过有机更新增加新的城市功能与活力，改善已陈旧的环境设施以适应现代化发展需求。从这种意

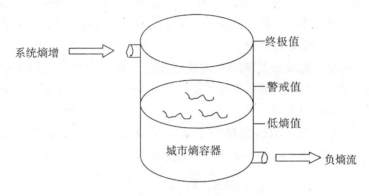

图 5-2　旧城系统的熵增原则示意

义而言，城市更新是城市老城区功能和发展能力的一种自我完善，是一个系统新陈代谢的过程，也是人类对城市使用功能和生活质量不断提升的需求的客观反映。

5.3　城市更新系统的发展目标函数

可持续城市是一个发展规划合理、建设运行有序、功能不断更新和社会健康发展的生态有机系统，具体可分为环境、经济、社会等生态子系统。

经济生态系统：涉及城市生产、分配、流通与消费的各个环节，包括工业、农业、交通、运输、贸易、金融、建筑、通信、科技等部门，主要体现形式是资金、能源的流动。

环境生态系统：包括城市居民赖以生存的基本物质环境和维持城市运行的基础设施，前者如太阳、空气、淡水、森林、气候、土地、动植物、矿藏以及自然景观等，后者如城市水资源、自来水厂与输配水管网、排水系统及污水处理、道路、桥梁、隧道，公共交通、煤气热力厂及输配管网、电力输配电力网、邮电通信、城市园林绿化、环境卫生、城市防灾设施等。

社会生态系统：涉及城市居民及其物质与精神生活诸方面，如居住、饮食、服务、供应、医疗、旅游以及人们的心理状态，还涉及文化、艺术、宗教、法律等上层建筑范畴，是人类在自身活动中产生的非物质性的环境。

同时，把城市发展定义为经济增长、社会公平与更高生活质量、更好环境之间的协调和平衡，这种发展将导致更多更好和更具有人性的城市出现。

综前所论，本研究建立了基于可持续更新的城市更新系统(Sustainable Urban Renewal)发展目标函数：

$$SUR = f(\vec{X}, \ \vec{Y}, \ \vec{Z}, \ \vec{T}, \ \vec{L}, \ \vec{R}) \tag{5-3}$$

约束条件为：

$$|\vec{X+Y}| \leqslant \min |\vec{Z}|, \ \ |\vec{X}|, \ \ |\vec{Y}|, \ \ |\vec{Z}| > 0 \tag{5-4}$$

$$\vec{X} = f_X(x_1, \ x_2, \ \cdots, \ x_m) \quad \vec{Y} = f_Y(y_1, \ y_2, \ \cdots, \ y_n) \quad \vec{Z} = f_Z(z_1, \ z_2, \ \cdots, \ z_m)$$

$$\vec{R} = f_R(r_1, \ r_2, \ \cdots, \ r_m) \quad r_i = g(x_i, \ y_I, \ z_i, \ w_i) \ i = 1, \ 2, \ \cdots, \ m$$

式中：SUR——城市可持续更新发展系统；X——城市经济子系统发展水平变量；Y——城市社会子系统发展水平变量；Z——城市环境发展水平变量；R——关联向量；T、L——时间、空间矢量，表示可持续发展的不同阶段、地区。

5.4 基于可持续发展的城市更新动力系统

5.4.1 城市更新系统的可持续性

根据可持续发展的熵增原则，SUR 目标可以解释为开放系统的负熵流大于系统的熵增($d_iS < -d_eS$)，同时要求系统的负熵流最大，且系统的熵增最小，此时才能保障系统的持续熵减($dS < 0$)，如果只是单纯地追求某一水平向量(如城市经济生态子系统)的最大化并不能达到 SUR 目标，反而会带来负熵流的高输入和系统熵增的高增长，最终造成城市发展的不可持续。

如5.3节所述，可将旧城区可持续改善项目的总体规划发展目标函数设定为：通过旧城环境质量改善行动，全面带动旧城环境、文化、社会发展和促进旧城经济复苏(X)，历史文化遗产保护与环境创新和社区弱势群体居住环境质量改善的管理能力(Y)，建立完善的旧城区环境质量可持续改善规划、管理模式和创新机制以提高旧城区环境改善(Z)，最终实现城市系统重新恢复熵减状态($dS<0$)，增强旧城区活力，实现城市全方位可持续发展的理想 SUR 目标。

应用城市更新目标函数可有效分析现实城市建设中开发项目的动力特性。例如，某些开发者试图通过大规模改造活动来推动城市经济生态子系统 X 的增长，从而达到加快发展旧城区的目标，然而由此带来的结果是整个旧城区因为盲目建设进一步丧失吸引力，失去了原有的城市机理和特色发展资源，甚至导致社会关系遭到破坏。西方国家旧城改造的经验教训值得借鉴，一味地拆旧建新将使城市宜居性逐渐丧失，结果带来城市间歇性死亡，改造目标的偏差最终导致旧城的进一步衰败。

中国现代的城市更新起步较晚，但更新规模和速度发展迅速。由于历史原因，我国城市旧城区普遍存在房屋破旧、住房拥挤、环境污染、交通阻塞、基础设施不足、用地功能不合理等众多问题。根据可持续发展熵增原则，旧城区需要不断调整和更新城市功能，改善原有环境设施条件来适应现代化生活需求。

由于旧城系统中熵增的原因，当城市的耗散大于负熵流的补充，即有 $d_iS>d_eS$ 时，旧城系统将不再保持持续的熵减，旧城系统这样一个信息容器（包含能量、物质、资金等）就将不断耗失它的内容，从而导致了以上问题产生。因此，改进旧城基础设施，降低人口密度，改善老城区住房条件和交通环境，重组经济结构，为旧城系统解决瓶颈问题，向旧城源源不断注入新鲜活力，才能使老城区机能有机复苏。

基于对熵增原则和城市更新系统的可持续性分析，研究提出了城市生态系统的机能新陈代谢机制框架，如图5-3所示。

本书后续章节将基于系统动力学和城市系统动力理论，通过分

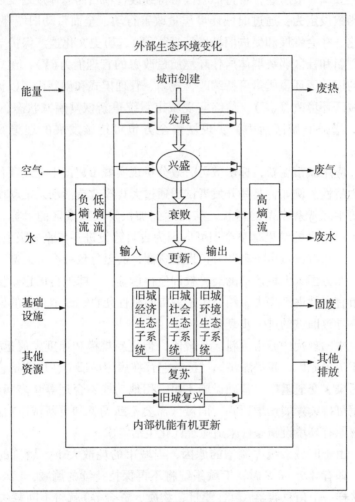

图 5-3　城市机能新陈代谢机制框架图

析城市更新各系统和要素之间的数量关系，建立城市更新系统动力学模型，从城市旧城区系统内部的机制和微观结构入手，借助计算机模拟技术来分析、研究系统内部结构与其动态行为的关系，研究其动力关系和关键影响因素，并通过不同决策对旧城区经济社会环境的影响的数值模拟，觅寻解决问题的决策优化方法。

5.4.2 城市更新系统的结构构建

城市发展问题是一类具有复杂非线性和动态反馈循环特征的系统决策优化过程，因此分析研究城市更新问题，必须用系统分析方法，从系统整体角度识别系统行为的运动规律。系统动力学以微分方程为其理论工具，关注系统整体及与系统相关的管理策略的行为趋势，适合用来深入探究城市更新系统的内部结构及其运行规律。

系统动力学著名的内生观点认为，系统的行为模式与特性主要取决于其内部的动态结构与反馈机制；系统在内外动力和制约因素的作用下按一定的规律发展。例如，城市旧城区旅游业的发展与其和旅游业相关的资源存在相互反馈的动态机制，旅游业的发展也需考虑相关资源之间的数量结构关系。因此，用系统动力学来分析城市更新问题，首先要描述和辨识城市更新系统的基本结构，在此基础上才能进一步探讨城市更新各相关系统结构与城市更新动态行为之间的内在关系。

(1) 城市更新系统中的"因""果"关系连接

系统动力学定义的系统是：一个由相互区别、相互作用的各部分有机地联结在一起，为同一目的而完成某种功能的集合体，即系统是由构成系统的基本单元（又称为"系统组分"）以及这些基本单元之间的关系联结所构成的。因此，可以认为系统的结构就是这些系统组分之间的关系的集合。要描述系统结构关系，首先要能描述这些系统组分之间的关系联结。这里，系统动力学提供了因果关系图示法来描述系统结构连接，它是一种比较形象化的方法。如图5-4所示，用一个由"原因"变量指向"结果"变量的有向箭头表示"连接"，以表达系统内部任何两个组分之间的因果关系。

在图5-4中，箭头起点表示"原因"变量，箭头终点表示"结果"变量，"+"号表示由"原因"变量的增加导致"结果"变量的增加，是正相关关系，称为"同向"连接；"-"号表示"原因"变量的增加导致"结果"变量的减少，是负相关关系，称为"反向"连接。在实际系统中，"连接"所代表的数学关系表达式可能十分复杂，但

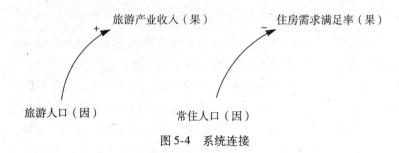

图 5-4　系统连接

总可以分成"同向"和"反向"两类最基本的连接关系，作为构成系统结构的最基本元素。例如，在城市生态经济子系统中，通过城市更新可吸引更多旅游人口，则将导致城市旅游产业收入增加；而常住人口的增加将会使住房需求满足率相对降低。

（2）城市更新系统的反馈回路与反馈系统

在系统中，由多个首尾相连的"连接"组成的无始无终的"闭合环"，表示这些因素之间存在某种反馈关系。对整个系统而言，"反馈"是指系统输出与来自外部环境的输入的关系。

反馈系统就是包含反馈环节与其作用的系统。它要受系统本身的历史行为的影响，把历史行为的后果回授给系统本身，以影响未来的行为。系统所包含的关系中只要存在一个反馈关系，该系统就被称为"反馈系统"或"闭环系统"。相反，不包含任何反馈关系的系统被称为"开环系统"。反馈系统形成闭合的回路，称为反馈回路。系统动力学是研究反馈系统的学科，因此系统动力学所研究的系统中至少包含一个反馈回路（图 5-5）。例如，在城市更新中，加快住房建设速度将会增加旧城区现有的住房存量，使得住房需求满足率得到提升，从而反过来会抑制住房建设速度的提升。

图 5-5 中，反馈回路就是由一系列的因果与相互作用链组成的闭合回路或者说是由信息与动作构成的闭合路径。系统所包含的反馈回路一般不止一个，这些反馈回路互相连接与作用，从而构成了复杂的系统结构。反馈系统的结构就是相互联结与作用的一组回

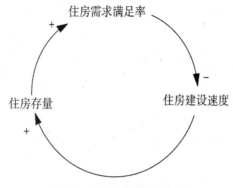

图 5-5　系统反馈回路示意

路。因此，系统动力学以反馈回路来描述系统的结构，把反馈回路作为系统的基本结构或基本单元。

按照反馈过程的特点，反馈可划分为正反馈和负反馈两种。正反馈的特点是能产生自身运动的加强过程，在此过程中运动或动作所引起的后果将使原来的趋势得到加强；负反馈的特点是能自动寻求给定的目标，未达到(或者未趋近)目标时将不断作出响应。例如，城市更新中，加快住房建设速度将会增加旧城区现有的住房存量，使得住房需求满足率得到提升，从而反过来会抑制住房建设速度的提升，这种反馈为负反馈，它会使系统趋近平衡，如图 5-6(左)所示；在商业开发中，商业收入的增加会带来商业投入的增加，从而吸引更多消费者，带来更多商业收入，这种反馈为正反馈，它会使系统得到加强，如图 5-6(右)所示。

具有正反馈特性的回路称为正反馈回路，用图式 或者 R)；具有负反馈特点的回路则称为负反馈回路，用图式 或者 B)。分别以上述两种回路起主导作用的系统则称之为正反馈系统与负反馈系统，如图 5-6 所示。

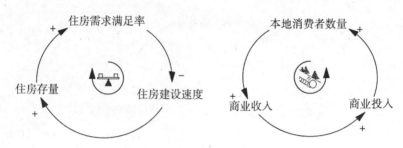

图 5-6　负反馈回路和正反馈回路

(3)一阶反馈系统的分析与目标控制

系统动力学方法在城市更新政策优化与管理中的应用主要体现在对系统的管理控制上。通过研究系统的信息传递和控制调节问题，可以获得主要变量随时间变化的解析表达式，并确定如何对系统实施最优控制，使政策变量有效控制系统状态的发展变化。典型的一阶 SD 反馈回路模型如图 5-7 所示，它是建立城市更新整体模型的基础，对该简单模型的分析将应用到城市更新的整体 SD 模型中。

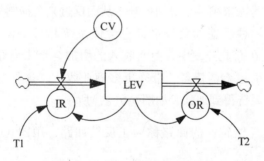

图 5-7　一阶反馈循环回路模型

根据流图写出对系统状态进行控制的空间表达式，令：$X =$ LEV $U = $ CV。其中 X 为关于时间的导数，得到：

$$\mathrm{d}X=\frac{\mathrm{d}(\mathrm{LEV})}{\mathrm{d}t}=\mathrm{IR}-\mathrm{OR}=\frac{\mathrm{CV}-\mathrm{LEV}}{T_1}-\frac{\mathrm{LEV}}{T_2}=\left(-\frac{1}{T_1}-\frac{1}{T_2}\right)X+\frac{1}{T_1}U$$

$$(5\text{-}5)$$

由此，可得系统的状态空间表达式为：$X=AX+BU$ $\qquad$ (5-6)

式中：$A=-\dfrac{1}{T_1}-\dfrac{1}{T_2}$；$B=\dfrac{1}{T_1}$

式(5-6)为线性定常系统非齐次方程，当系统的初始时刻为 $t=t_0$，初始状态为 $X(t_0)$ 时，该方程的解析解为：

$$X(t)=\Phi(t-t_0)X(t_0)+\int_0^t\Phi(t-\tau)B\cdot U(\tau)\mathrm{d}\tau \qquad (5\text{-}7)$$

其中，$\Phi(t-\tau)=\mathrm{e}^{A(t-t_0)}$。右端第一项始终表示由系统初始状态引起的自由运动，第二项表示由控制激励作用引起的强制运动（若为齐次方程，则不存在第二项）。对式(5-7)，设 $t_0=0$，并假定 $U=\mathrm{CV}$ 为不随时间变化的常数值，则：

$$\Phi(t-\tau)=\Phi(t)=\mathrm{e}^{At}=\mathrm{e}^{\left(-\frac{1}{T_1}-\frac{1}{T_2}\right)t} \qquad (5\text{-}8)$$

例如，在分析旧城区房地产再开发项目决策方案时，住房存量面积的变化＝住房面积增量−住房面积减量；同时，住房面积存量对住房面积增量有较大影响，住房面积增量＝（住房面积存量×住房面积增长率）/时间，如图5-8所示。同理，此方法还可拓展用于城市更新过程中的其他项目方案决策中。

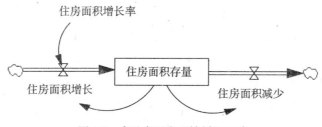

图5-8　房地产开发反馈循环回路

第二部分　方　法　篇

6 城市更新系统动力学因果反馈回路设计

应用系统动力学进行城市更新系统动态模型构建的技术关键在于对其因果反馈回路进行专业性设计。首先进行了城市更新系统关联性设计分析，在此基础上设计了城市更新系统因果回路简图，然后分别进行了城市更新经济、社会和环境子系统反馈回路设计及其中的子模块设计。

6.1 城市更新系统的关联性设计分析

为方便建模，本书将旧城区更新系统分为若干个相互关联的子系统，这些系统既相互区别，又相互联系和影响。每个子系统随着时间的变动，其内部各因素都会发生变化。这些变化要求更新项目决策者做出迅速而有效的设计对策，调整战略以期达到最初目标或者减少由于不可预知事件导致的损失。之后，这些因素对整个系统产生正相关或者负相关的影响。这些导致系统内部不断加强的影响，称为正相关影响；导致系统不断减弱的影响，称为负相关影响。在子系统 1 受到影响后除自身发生变化外，会把变化的影响传递给子系统 2，这些影响会与系统 2 自身的影响相叠加，将叠加后的影响传递给下一个子系统，同时将对子系统 1 产生反馈影响，如此循环。

基于以上分析，本书设计了城市更新动态子系统关联性示意图（图6-1）。

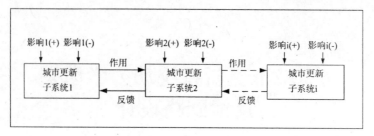

图 6-1　城市更新动态子系统关联性示意图

6.2　城市更新系统的因果回路图设计

(1) 设计目标分析

中国城市的旧城区普遍存在着空心城区现象和经济不景气、商业不发达、环境承载力薄弱等共性问题。但旧城因其丰富的文化底蕴和特色风貌，对旅游者有着相当强的吸引力。在进行更新改造时，应积极利用旧城原有的历史文化资源，发展休闲旅游业，由此可以达到一个不仅吸引本城居民，而且也将吸引外来游客的效果。以旅游业带动商业和休闲活动，不仅能有效保护旧城内的历史古迹，还可为旧城区提供更多的就业岗位，也提高了旧城区的税收，是复兴旧城的有效方法之一。因此，本研究对于城市更新系统因果回路的设计建立在通过恢复旧城区经济、挖掘旧城区丰富的历史文化和资源促进旅游业发展，同时改善旧城区环境的多重目标基础上。

(2) 反馈回路设计

城市更新系统因果回路简图如图 6-2 所示。从图中可以看到，城市旧城区的更新由经济、环境、文化、产业等因素围合而成，形成一个完整的由六个增强反馈回路和四个平衡反馈回路组成的城市旧城区更新发展系统。

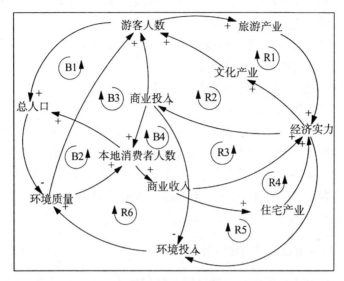

图 6-2 城市更新系统因果回路简图

(3) 增强反馈子回路设计

R1 增强反馈回路: 文化产业→旅游人数→旅游产业收入→经济实力→文化产业。城区对文化产业的开发与投入首先吸引旧城区旅游人数的增加, 游客的增加使城区旅游产业得以发展和兴盛, 由旅游产业带来的收入也增加。

R2 增强反馈回路: 商业投入→旅游人数→旅游产业收入→经济实力→商业投入; R3 增强反馈回路: 商业投入→本地消费者人数→商业收入→经济实力→商业投入。对商业的投入带来商业环境的改善, 一方面吸引外地游客, 达到发展旅游业的目的, 另一方面也吸引本地消费者数量的增加, 这将直接导致城区商业收入的提高, 从而推动住宅产业发展, 增强城区的经济活力。

R4 增强反馈回路: 商业投入→本地消费者人数→商业收入→住宅产业→经济实力→商业投入。商业投入可以创造更好的商业环境, 吸引更多的消费者从而拉动消费, 带来商业收入, 商业收入的提升伴随商业环境的改善，住宅产业发展，增强了旧城区的经济活力，从而，更多的资金可以投入到商业中。

R5 增强反馈回路：环境质量→游客人数→旅游产业收入→经济实力→环境投入→环境质量。

R6 增强反馈回路：环境质量→本地消费者→商业收入→经济实力→环境投入→环境质量。

游客与本地消费者的数量不仅由之前的城区商业环境决定，城区的环境质量也是非常重要的因素，因此对环境系统资金的投入在改善环境质量的同时将不同程度的吸引游客与本地消费者，从而也部分改善了城区空心化问题，带来了商业和旅游产业收入的提高。

（4）平衡反馈子回路设计

中国城市发展多年实践证明，环境的改善是城市更新发展与建设活动中至关重要的因素，这也形成了城市更新发展与建设系统的四个平衡反馈回路。

B1 平衡反馈回路：游客人数→总人口→环境质量→游客人数。

B2 平衡反馈回路：本地消费者→总人口→环境质量→本地消费者。随着游客人数和本地消费者的增多，总的流动人口对环境的破坏是不容忽视的，良好的环境质量不复存在，城市对游客与消费者的吸引力也就大打折扣。

B3 平衡反馈回路：商业投入→环境投入→环境质量→游客人数→旅游产业→经济实力→商业投入。

B4 平衡反馈回路：商业投入→环境投入→环境质量→本地消费者→商业收入→经济实力→商业投入。

由于城区的发展资金是一定的，旧城区对商业的投入增加其结果是在环境改善方面的投资也就相对减少，这也形成了城区发展资金投入的分配问题。

以下将从城市更新经济、社会和环境三个子系统分别讨论说明。

6.3 城市更新经济子系统反馈回路设计

考虑到城市旧城区经济发展的现实情况与建模需要，本书研究的城市更新经济子系统主要包括房地产业、旅游产业和商业三个主要部分，如图6-3所示。

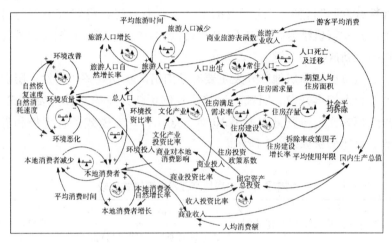

图6-3 城市更新经济子系统反馈回路模块

6.3.1 房地产业反馈回路模块设计

(1)设计目标分析

中国已呈现出城市更新改造与房地产开发休戚相关、共同繁荣的趋势。城市更新改造为房地产开发提供土地，而房地产开发为城市更新改造提供资金和动力。城市更新改造盘活城市土地，对土地供应的数量和结构产生重大影响；同时，房地产业介入不仅为城市更新改造筹集资金，实现城市资产的良性循环，而且可以超越原有区位和原有功能束缚，调整、塑造区域产业经济结构，而后者对于区域经济发展的贡献将远大于房地产销售本身所带来的一次性效应。

61

必须注意，城市旧城区人口密度大、建筑多，市政管线布置杂乱、容量小，交通条件较差等局限性给房地产开发带来困难，并转化为增加开发商运作成本。这种情况下，政府作为城市管理经营者，需从降低市场运作难度出发，合理运用"规划"的调控手段，适当降低开发商在市政配套方面的负担。另一方面，开发商应当充分利用旧城区位优势，充分发掘旧城历史文化和商业等传统资源，开发土地和项目的潜在价值，打造有特色的旧城开发项目，避免破坏性开发和"搭便车"式开发的误区。总而言之，将城市更新与房地产开发有机结合，针对不同旧城特点选择房地产再开发模式成为城市更新成败的关键。

城市更新的房地产开发主要有新旧街区互动式整体开发、层次性综合保护再开发、旧城社区整体复制更新开发等几种主要模式，更新模式比较研究见本书第 10 章。这几种开发模式各有优势和劣势，对比分析如表 6-1 所示。

表 6-1　　　城市更新中的房地产开发典型模式比较

开发模式	代表案例	建成时间	存在背景		开发特点
			区域背景	项目目标	
旧城社区整体复制更新开发	武汉如寿里	2001.10	建成于20世纪初，地处旧城区腹地，住区环境恶劣	采取尽量保持原建筑风格和空间布局的方式重建，着力于基础设施的更新	培育地方特色和改善配套设施；回迁率高，易破坏原有历史建筑
层次性综合保护再开发	上海新天地	2011 年前	地处发达城市旧城中心，是区域内重要文化单位	结构形式与建筑有机结合，力求在围合有限的格局中达到保护和开发的统一	文物保护单位分层次剥离，居住功能转为商业经营，回迁率低

续表

| 开发模式 | 代表案例 | 建成时间 | 存在背景 | | 开发特点 |
			区域背景	项目目标	
新旧街区互动式整体开发	天津海河	2010 年前	地处城市中心，文化古迹环绕，经济与文化地位不相称	建设城市新区，通过项目达到城市更新和价值提升	新旧街区"捆绑"发展，经济、文化相互拉动

(2) 反馈回路模块构建

可以看到城市更新中这三种主要的开发模式虽然各有特点，但以数量关系分析视角而言，三种开发模式最主要的区别在于拆迁和新建的力度有极大区别，反映到反馈循环回路中，表现就是拆迁和新建速度和规模方面的巨大差异。

模式Ⅰ旧城社区整体复制更新开发。该模式是在若干年内将其开发区域内的几乎所有原有住房拆除重建，它的拆除速度远高于房屋本身的折旧衰退速度，因而新建住房的速度得到有效释放。

模式Ⅱ层次性综合保护再开发。该模式是边拆边建，通过有选择性的拆建，保留其中一部分，拆除一部分进行新建，保留、维修和新建相互穿插，这种拆除和重建的速度相对比较慢。

模式Ⅲ新旧街区互动式整体开发。该模式中，拆除和新建住房速度就被控制得更加严格，对有价值的旧区住房保留更多，新建住宅的建设视整个项目的进展而定。在这种分析基础上，针对房地产循环回路中的拆除率与建设速度被设定为变量，而住房总存量为水平存量(图6-4)。

这里的房地产业主要指住宅产业，从经济学观点出发，它的变化主要是由供求关系的变化决定。假设住房的需求方为城市旧城区

63

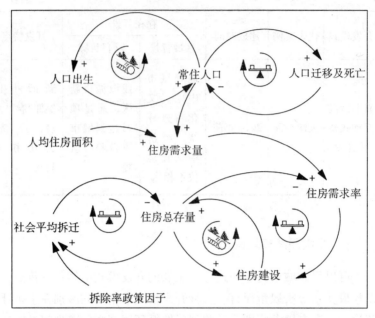

图 6-4 旧城区房地产业反馈回路模块

的常住人口，常住人口为水平变量，受到当地人口出生率、人口迁移率和死亡率的共同影响；并且随着人均住房面积和常住人口的变化，旧城区住房需求量随时间变化。住房存量受到拆除率和住房建设速度的影响发生减少或增加，即设定住房总存量为水平变量，拆除率和住房建设速度为因变量，住房需求量与住房总存量之商为住房需求率，它体现了旧城区居住常住人口对住房需求被满足的程度。住房需求率越高，说明旧城居民对住房的需求在持续增加，这种强烈的需求会带来住房建设速度的增加；反之，住房需求率越低，居民对房屋的需求低迷，住房建设速度也因此放缓。同时，住房建设速度也与一个城市或区域的商业环境相关。通常，商业越发达的城市，商业环境会刺激住宅产业的发展，加快住房的建设速度，反之亦然。这些关系共同组成了由常住人口与住房总存量之间的供需反馈循环回路。

6.3.2 旅游产业反馈回路模块设计

（1）设计目标分析

发展旅游产业是很多中国城市实现旧城区经济复苏的首选途径。首先，旧城是城市中建成历史相对长久的区域，经过多年演变生长，已形成相对稳定的社会经济结构和特定的地域风俗文化，通常情况下，旧城区域还保留有比较丰富和具有地方特色的历史建筑，这些都是发展旅游业的丰富资源；其次，旧城区土地资源紧缺，不具备发展第一产业和第二产业的先决条件，发展第三产业，特别是旅游业能与已有地方特色风貌和地域风俗文化相结合，减少了对土地资源的需求，给发展旅游业奠定基础；第三，与第一、二产业相比，旅游业所带来的污染很大程度上得以减少，而且旅游业具有相对较长的产业链，它的良好发展能带动相关产业，如商业的迅速发展，带来就业和财政收入增加的连锁反应。

（2）反馈回路模块构建

旅游产业反馈回路如图 6-5 所示。旅游人口的变化决定于旅游人口的增加和减少，而其增加和减少受到不同因素的影响，假设旅游人口的增长与减少相等，那么，游客总数将保持平衡。但是恒定不变的游客总数是一个相对脆弱的平衡，因为影响游客人数的因素很多。如对于旅游人口的增长来说，即使其他条件不变，相对于同一旅游目的地而言，旅游人口会存在一个相对稳定的自然增长率；同时，影响旅游人口增长的还有旅游目的地的文化产业发展情况和商业环境的情况。因此，旅游人口变化是其自身的自然增长、文化产业影响和商业环境影响等的综合结果。

另一方面，对于旅游人口的减少来说，首先对其有制衡作用的便是环境状况。在中国有不少旅游区，特别是古城或旧城区域内的旅游区，如云南丽江古城，由于游客人数的增加而配套环境基础设施滞后导致环境质量极速下降，从而引起旅游人数的减少。导致游客人数下降的另一因素便是对旧城区具有旅游吸引力的特色风貌和民俗环境不当改造。对于历史文化名城历史保留住区的文化价值认识不足，"旧貌换新颜"的方式中，更新多保护少，使许多传统风貌、景观特色遭到破坏，城市千篇一律，这些都成为旅游人口减少的重要原因。

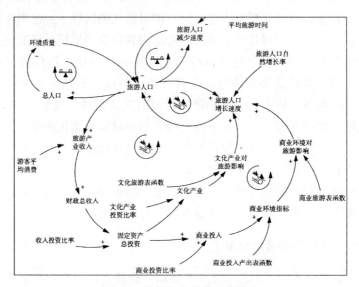

图6-5　旅游产业反馈回路模块

6.3.3　商业反馈回路模块分析

(1)设计目标分析

　　商业为旧城区的另一主要产业，其发展好坏直接影响到旧城区经济提升的成功与否。对于旧城区来说，消费人群主要是以旅游消费为主的游客、在本地居住来到旧城区商业区消费的本地人和在旧城区居住的居民，而商业收入主要来自于本地居住来到旧城区商业区消费的本地人。本研究忽视一些细节，只考虑旧城区主要商业收入来源，而假设本地消费者人均消费额在一段较长时间内不变或者符合S形增长规律，从而确定商业收入的关键在于确定本地消费者的多少。

(2) 反馈回路模块构建

本地消费者数量为水平变量，变化由本地消费者数量增长与减少决定。在外界环境不变的情况下，假设平均消费时间×本地消费者的自然增长率=1，那么本地消费者的数量将达到平衡，保持恒定不变，也就是说，本地消费者的减少与增加相等。然而这种平衡是十分脆弱的，因为消费者的平均消费时间和本地消费者自然增长率不一定互为倒数，同时，导致其数量增加和减少的因素各不相同。本书将导致消费者减少的因素归结为平均消费时间和环境对本地消费者的影响。可以预见，自然环境的恶化程度势必影响消费者的去留，同时，自然环境的好坏也会影响商业的发展。另外，将影响消费者数量增加的因素归结为本地消费者自然增长和商业环境对本地消费者的影响。

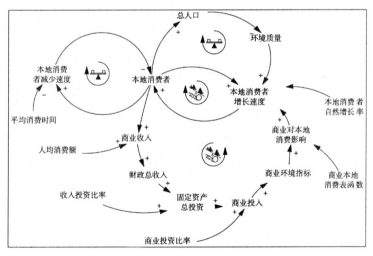

图 6-6 旧城区商业的反馈回路模块

如此，本地消费者及其增长形成了一个反馈回路，即，在人均消费额已知的情况下，本地消费者的增加会带来商业收入、国内生产总值和固定资产投入的增加，从而吸引更多的商业投入，商业资金的注入改善了商业环境，吸引了更多的本地人来此消费，从而本地消费者增长迅速，本地消费者的数量得到提升。这就是我们所说的商业发展为城区带来了人气。具体的关系描述可以参见图 6-6 城市旧城区商业的反馈回路。

6.4　城市更新社会子系统反馈回路设计

本书研究中，社会子系统的主线是人口水平变量。人口子系统作为社会子系统最重要的子系统之一，本身并不复杂，文章主要包括了常住人口、本地消费者人数和游客人数三个部分，但是由于不同人群涉及不同子系统，使得人口子系统及社会子系统的反馈回路的梳理变得尤为困难。如图 6-7 所示。

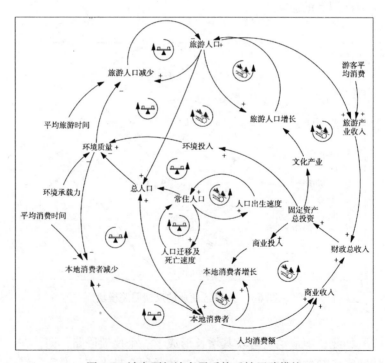

图 6-7　城市更新社会子系统反馈回路模块

6.4.1　常住人口反馈回路模块设计

常住人口是指长期居住、生活在旧城区域内的人口，它的变化主要是由人口的自然出生、人口的自然死亡和人口迁移造成。这里的人口出生速度和人口迁移及死亡速度是因变量，可以看到，假设人口出生率一定，那么常住人口越多，新出生的人口就越多，而新出生的人口越多，反过来会增加常住人口的数量；同样，若人口迁移及死亡率一定，常住人口越多，迁移及死亡人口数也就越多，但是它会带来常住人口的减少。由此形成了常住人口反馈回路图中的一个加强和一个平衡的反馈回路。如图 6-8 所示。

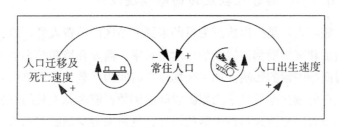

图 6-8　常住人口的反馈回路模块

6.4.2　本地消费者反馈回路模块设计

本地消费者是指生活在旧城区周边区域，短时间内来旧城消费的群体。它的变化由本地消费者的增长和减少决定。本地消费者受到平均消费时间影响，平均消费时间越长则本地消费者的减少越慢；当平均消费时间一定时，本地消费者单位时间内的减少与本地消费者数量成正比，当本地消费者单位时间减少量增加时，则反过来会导致本地消费者总数量的减少；同样，本地消费者增长受消费者自然增长率的正相关影响，本地消费者自然增长率一定时，本地消费者这一基数越大，本地消费者单位时间内的增长就越大，同时连锁性地造成本地消费者的数量进一步增加。由此形成了本地消费者的反馈回路图中的一个平衡和一个加强的反馈回路，如图 6-9 所示。

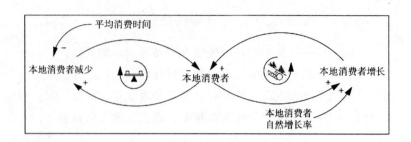

图 6-9　本地消费者的反馈回路模块

6.4.3　游客人数反馈回路模块设计

旅游人口是指以旅游为目的的来到旧城区的消费人群。旅游人口的增加和减少受到游客数的自然增长率、商业环境和游客的平均旅游时间等因素的影响。如果平均旅游时间为常数，那么单位时间游客人口的减少率就是平均旅游时间的倒数，游客总人数的增加会带来单位时间旅游人口减少量的增加，反过来会抑制游客总人口的增加，这是一个平衡的反馈循环；旅游区和旅游项目吸引游客都遵循一个自然的增长过程，即存在一个自然增长率，同时游客增加的多少还与此区域商业的发达与否有关，因此，假定游客自然增长率和商业环境影响一定，旅游人口的增加会带来旅游人口单位增长的增加，同时带来旅游总人口的增加，形成一个加强的反馈循环。由此形成了游客人数的反馈回路图中的一个平衡和一个加强的反馈回路，如图 6-10 所示。

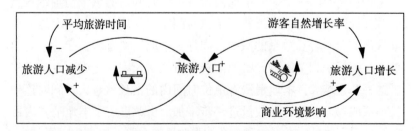

图 6-10　游客人数的反馈回路模块

6.5 城市更新环境子系统反馈回路设计

城市更新环境子系统的反馈回路涉及面相对较广，它不仅涉及环境系统自身的消耗与修复，同时社会子系统中的人口的增加会带来污染物的增加，最终形成平衡的反馈回路，而经济子系统中的产业收入带来的环境投入的增加最终会形成加强的反馈回路。这正是环境、社会和经济子系统综合作用的结果(图6-11)。

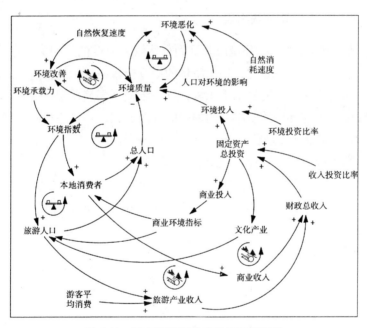

图6-11 城市更新环境子系统反馈回路

6.5.1 环境质量的反馈回路模块设计

(1)设计目标分析

系统观认为，环境遵循着自身新陈代谢的规律，在相对平衡

71

的状态下，环境质量与环境的改善和恶化也存在着平衡关系。当生态环境被破坏和受到污染时，它存在着自我修复功能，即生态环境在特定状态下以一定的速度进行着自然的恢复；同时，生态环境的自我修复功能并不是只存在于生态环境系统被破坏和污染时，而是存在于生态环境的生命周期，它与环境的恶化或者自然消耗速度相一致，如自然消耗速度由于人类对环境的影响而增加，超出一般范围，自然恢复速度也会随之提升，从而使得系统重新回到平衡。

（2）反馈回路模块构建

如图 6-12 所示，环境改善受到自然恢复速度的正相关的影响，当自然恢复速度一定时，环境质量的提升会带来环境改善速度的提高，同时带来环境质量水平积累，进一步提高环境质量，这就形成了环境改善与环境质量本身的加强的反馈回路。环境恶化则包括了自然消耗和人为污染两部分，假设自然消耗速度在相对长的时间内，即系统设定时段内是一定的，则环境恶化的速度主要取决于人类活动对环境的污染；设定污染的影响和自然消耗速度为常数时，可以推断，环境质量的提高会增强人类活动对环境和环境自身循

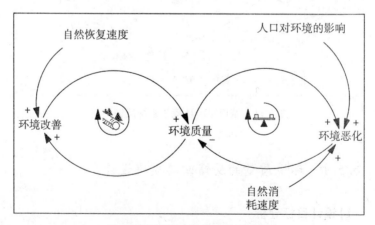

图 6-12　环境质量的反馈回路图

环的影响，最终导致环境质量越好，越容易被破坏的情况。而当环境恶化加速时，环境的整体质量就会下降，从而使环境质量与环境恶化达到新的平衡，形成了平衡的反馈回路。

6.5.2　环境质量-人口反馈回路模块设计

(1)设计目标分析

在污染行业相对较少的旧城区，人群对环境的污染相对比较敏感，其中对环境变化最为敏感的是旅游人口和本地消费者，在一定的污染范围内，常住人口对环境变化的反应常常较前两类人群更为不敏感。为简化模型以方便建模仿真，研究重点关注游客与环境以及本地消费者与环境的两个反馈回路。

(2)反馈回路模块构建

如图6-13所示，游客数量的增加会使旧城区的总人口数量增加，由此带来废水及固体废弃物量增加，从而导致环境质量恶化，环境指数下降，最终破坏原有的优良生态平衡，这种情况下，环境对游客的吸引力将大大减弱，使得游客的数量大大回落，形成由旅

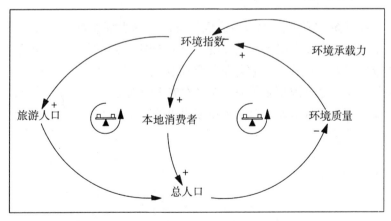

图6-13　环境质量-人口反馈回路图

游人口和环境质量组成的平衡反馈回路。同理，本地消费者的增加也将会带来旧城区的总人口数量增加，由此带来相关的污染物增加而加速环境质量的恶化，环境指数下降，而低劣的环境状况又会抑制消费者在旧城区的消费，形成了由本地消费者和环境质量组成的平衡反馈回路。

6.5.3 环境质量-旅游产业与商业反馈回路模块设计

(1) 设计目标分析

本地消费者的增加带来商业收入的增加，使得国内生产总值和固定资产总投资增加。假定作为政策性系数之一的环境投资比率为常数，环境质量将因为环境设备、技术和相关人员的投入增加而得到改善，导致环境指数提升，从而吸引更多的本地消费者，形成了本地消费者在商业与环境关系中的加强反馈回路。同理，游客人数的增加、旅游产业收入的增加势必带来国内生产总值和固定资产投资的增长，对环境改善达到积极的效果；而优质的环境是吸引游客的必要条件之一，环境改善会吸引更多的游客，最终形成旅游人口在旅游产业与环境的另一加强反馈回路。

(2) 反馈回路模块构建

如图 6-14 所示，无污染或低污染产业的发展有利于环境质量的提高，而产业发展到一定规模，会带来国内生产总值和固定资产投资的双重增加，这必定会在一定程度上提高对环境保护的投入，因此，在土地资源相对紧缺，无法发展工业情形下，城市旧城区纷纷发展商业与旅游业，而商业和旅游业的发展与环境改善也存在密不可分的关系。

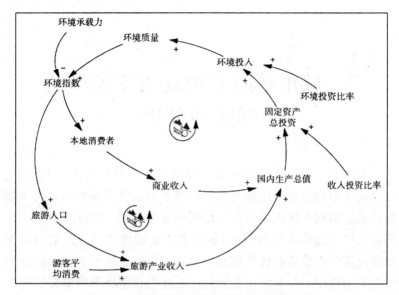

图 6-14　环境质量-旅游与商业的反馈回路图

7 城市更新系统动力学模型的
构建与分析

本章研究重点是在第 6 章反馈回路设计和模块构建基础上，通过建立不同的数学函数关系，构建了城市更新系统的动力学指标体系。根据系统建模的三项原则和五个步骤，选择以 DYNAMO 语言为代表的仿真软件 Vensim 作为主要软件工具，并适当运用计量经济学和建筑经济学原理，设计、建立了城市更新系统动力学总流图模型，并对城市更新经济、社会和环境子模型分别进行建模。

7.1 建模原则与仿真语言选择

7.1.1 系统建模的原则与步骤

(1)协调城市更新系统的交互作用

作为复杂经济系统的城市更新动力系统，各子系统间存在着复杂的因果作用关系。要维持良好的运行机制，一方面系统要在适应环境的过程中不断调整自身结构，另一方面还要不断依靠自身的力量来改造环境，使之适合自身的发展需要。因此，除去外部作用外，系统内部也存在着正负反馈机制的交互作用，从而使系统的格局存在多种可能。这些特点与非线性物理学中的正负反馈机制极为相似，经济学家常以多均衡、不可预测、无效性、历史相关性、非对称性描述以上特点。

(2)突出城市更新系统的动力机制

基于复杂性经济理论,对城市更新系统研究的重点应该是它的结构形成而不是准确的理想状态分析。鉴于其复杂特性,对城市旧城区更新系统模型研究的主要任务是探寻它的动力学机制,即系统掌握变化过程中存在的客观规律。宏观层面主要体现为城市更新动力系统中城区经济、社会、环境、文化等子系统间的相互影响和相互作用关系;微观层面则主要指系统内部各要素之间的相互作用。通过对城市旧城区更新系统动力机制的把握,有助于自觉地将城市更新改造进程融入到经济、社会、环境和文化发展之中,推动发展方式从粗放型改造向质量提升型转变。

(3)发挥系统仿真处理复杂时变关系的优点

城市更新动力系统是一类高阶次、多重反馈回路、高度非线性性的复杂系统,具有反直观性、对系统内多数参数变化的不敏感性和对决策改变的顽强抵制性,该系统的远期与近期、整体与局部之间利益的矛盾往往难以调和。因其机理尚不太清晰,难以用纯粹的数学方法描述出来,只能用半定量、半定性或定性的方法来处理,而系统动力学方法用于具有复杂时变和多重反馈回路的系统仿真非常有效。

系统建模过程基本框图见图 7-1 所示。

运用系统动力学原理建模与调控分为五个基本步骤:

①系统辨识:运用系统动力学理论、原理对研究对象进行系统分析,包括系统边界的确定、系统有关情况与资料的收集、统计数据的获取、主要水平变量与速率变量的确定等;

②结构分析:依据实际系统情况划分系统的层次与结构,确定总体和局部的主要反馈机制与反馈回路;

③模型建立:依据系统结构、反馈机制与反馈回路,建立水平方程和速率方程,利用趋势外推法、线性回归法、平均值法等确定调控参数值,并做出系统动力学流图;

④模拟分析:对所建立的模型运用 System Dynamics 或 Vensim

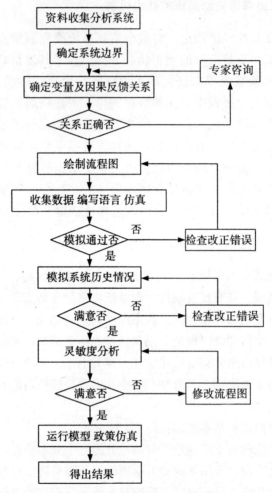

图 7-1　系统建模过程基本框图

软件进行模拟和政策分析，发现问题并不断修正模型，直至达到与实际系统大体一致；

⑤模型评估：对模拟结果进行检验、分析。

7.1.2 仿真语言的选择

DYNAMO 是一种计算机模拟语言系列，取名来自 Dynamic Models(动态模型)的混合缩写。顾名思义，DYNAMO 含义在于建立真实系统的模型，借助计算机进行系统结构、功能与动态行为的模拟，是系统动力学的主要仿真语言。用 DYNAMO 写成的反馈系统模型经计算机进行模拟，可得到随时间连续变化的系统图像；换言之，模型描述系统的结构并模拟系统的功能与行为。经过 50 多年的发展，已经出现了一系列功能与 DYNAMO 类同的模拟语言，例如美国的 ithink. STELLA 系列，Vensim、Powersim 和 NDTRAN，英国的 DYSMAP 等。本书选用的仿真软件为 Vensim。

7.1.3 模型变量指标体系

根据第 6 章所做因果回路具体分析，本书构建了城市更新系统动力学指标体系如表 7-1 所示。

表 7-1　　　　　城市更新系统动力学指标体系表

指标名称	指标简称	指标名称	指标简称	指标名称	指标简称
经济子系统指标 E_i					
期望人均住房面积	EAHA	国内生产总值	GDP	商业对本地消费影响	BCF
人均居住面积增长率	AHAR	固定资产投资	FAI	旅游产业收入	TII
人均居住面积增长	AHA	商业收入	BI	游客平均消费	ATC
住房总存量	THA	商业收入比重	BIR	旅游产业收入比重	TIIR
住房建设速度	HC	文化产业投入	CII	商业收入	BI
社会平均拆除	AD	文化产业投资比例	CIF	人均消费额	AS

指标名称	指标简称	指标名称	指标简称	指标名称	指标简称
住房需求率	HDR	商业投入	BII	本地消费者	LC
住房投资政策系数	HIC	商业投资比例	BIF	商业本地消费表函数	TAB (BC, BII)
社会平均拆除率	ADR	文化产业对旅游的影响系数	CF	商业对旅游影响的表函数	TAB (BT, BII)
拆除率政策因子	DF	商业对旅游的影响系数	BF	文化产业对旅游影响的表函数	TAB (CT, CII)
住房需求量	HD				

社会子系统指标 S_i

常住人口	PP	旅游人口	TP	本地消费者	LC
人口出生	PPB	旅游人口增加	TPI	本地消费者增长	LCI
人口出生率	PPBR	旅游人口减少	TPD	本地消费者减少	LCD
人口迁移及死亡	PPD	旅游人口自然增长率	TPR	本地消费者自然增长率	LCDR
人口迁移及死亡率	PPDR	平均旅游时间	ATT		

环境子系统指标 E_i^n

环境质量	EQ	环境承载力	ECC	人口对环境的影响	PEF
环境改善	EI	环境指数	ECI	环境投资比率	IER
环境恶化	ED	环境对本地消费者影响	ECF	环境投入	IE
环境自然恢复速度	ER	环境指数本地消费表函数	TAB (ECC, ECP)	资金投入对环境改善影响的表函数	TAB (IE, IEF)
资金投入对环境改善的影响	IEF	环境对游客减少的影响	ETF	环境指数旅游表函数	TAB (ECC, ETF)
环境自然消耗速度	EC	时间	T		

7.1.4 系统总流图设计

城市更新系统动力学的系统流图的设计与绘制是本书研究重点和创新点之一。在对城市更新系统动力学建模过程中，以城市更新的经济、社会和环境三个子系统为核心，将三个子系统按照内涵继续划分为若干个子子系统，梳理子子系统、子系统及其相互之间的数量和函数关系是建模的重点和难点。

图 7-2 为本书设计构建的城市更新系统动力学总流图模型。

7.1.5 模型预设的前提

城市发展与建设的现实情况与数学模型表达之间必然存在一定差距，如系统相互影响在时间上的延迟等，因此，根据城市发展的一般规律，针对建模过程，提出以下预设条件：

①假设商业投入与商品交易额存在某种确定的正相关函数关系，这种正相关函数为某种投入产出模型，在现实生活中由不同的商品产业类别与商业环境决定；

②假设环境的影响对游客与本地消费者停留时间的影响可及时表现出来，即，在旅游期间就会做出旅游时间延长或缩短的决策，同时在无环境因素影响的情况下平均消费之间是一定的；

③虽然不是每个城市旧城区都编制有发展旅游业的战略，但是大多数城市都有相应的在旧城区或者旧城区发展旅游业的计划，模型假设存在旅游发展子系统；

④旅游产业与商业的收入是组成第三产业总值的主要部分，此模型假设国内生产总值与旅游产业收入和商业收入呈线性函数关系。

以上条件可根据不同旧城特点进行适当调整。

7.2 城市更新经济子系统建模

经济的发展是城市更新达到可持续性的最主要条件，而经济子模型是城市更新建模的核心内容。与经济相关的变量最多，有 31

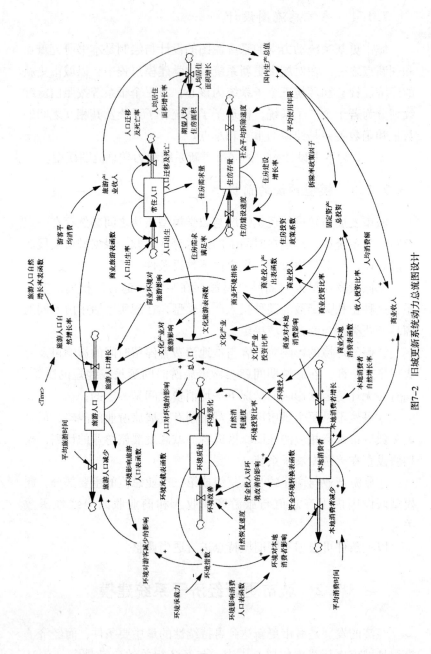

图7-2 旧城更新系统动力总流图设计

个变量指标，变量之间及其与其他子系统变量的关系也比较繁琐。总体而言，城市更新经济子系统建模主要包括房地产业子模型建模、旅游产业子模型建模和商业子模型建模三部分。

7.2.1　房地产业子模型建模

由第6章的反馈回路设计可知，住房总存量的变化与住房的供求关系有关，当供不应求时，住房的建设速度加快，而当住房供应大于需求时，住房的建设速度就会逐渐放慢。其中，住房需求量与常住人口，即买房和住房者的数量相关。房地产业子模型中，期望人均住房面积、房屋总存量和常住人口为其中的三个水平变量。如图7-3所示。

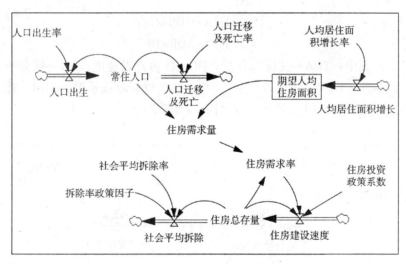

图7-3　旧城区房地产业子模型

具体的数量关系如下：

$$\begin{cases} \dfrac{\Delta \mathrm{EAHA}}{\Delta T} = \mathrm{AHA} \\ \mathrm{AHA} = \mathrm{EAHA} \times \mathrm{AHAR} \end{cases} \tag{7-1}$$

其中：EAHA——期望人均住房面积；AHAR——人均居住面

积增长率；AHA——人均居住面积增长（如图7-4）。

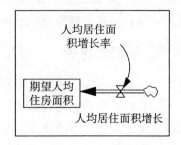

图7-4　期望人均住房面积水平变量图

$$\begin{cases} \dfrac{\Delta \text{THA}}{\Delta T} = \text{HC} - \text{AD} \\ \text{HC} = \text{HTA} \times \text{HDR} \times \text{HIC} \\ \text{AD} = \text{HTA} \times \text{ADR} \times \text{DF} \end{cases} \tag{7-2}$$

其中：THA—住房总存量；HC—住房建设速度；AD—社会平均拆除；HDR—住房需求率；HIC—住房投资政策系数；ADR—社会平均拆除；DF—拆除率政策因子（图7-5）。

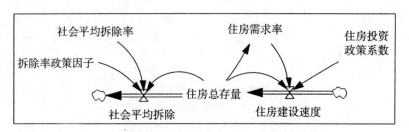

图7-5　住房总存量水平变量图

住房需求量主要来自于常住人口，因此

$$\begin{cases} \text{HD} = \text{PP} \times \text{EAHA} \\ \text{HDR} = \dfrac{\text{HD}}{\text{HA}} \end{cases} \tag{7-3}$$

其中：HD—住房需求量；HDR—住房需求率；PP—常住人

口；EAHA—期望人均住房面积；THA—住房总存量。

7.2.2　旅游产业子模型建模

一般说来，旅游消费会带来相关行业的效益成倍增长，模型对旅游产业收入的计算做了简化处理，如图7-6所示。假设旅游产业的收入主要是由游客所带来，结合相关旅游资料，得出：

$$TII = TP \times ATC \tag{7-4}$$

其中，TII—旅游产业收入；TP—旅游人口；ATC—游客平均消费。

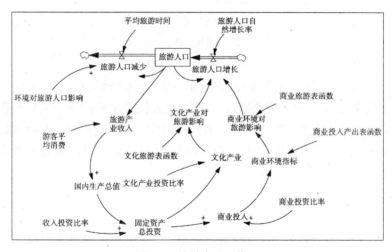

图 7-6　旅游产业子模型

由于模型关注的只是旅游产业和商业，它们只作为旧城区国内生产总值的一部分，为了对 GDP 进行拟合，引入 r_1 和 r_2 作为调节系数，假设旅游产业和商业占国内生产总值的比重不变，则：

$$GDP = \frac{TII}{TIIR} \times r_1 + \frac{BI}{BIR} \times r_2 \tag{7-5}$$

其中，GDP 为国内生产总值；TII—旅游产业收入；TIIR—旅游产业收入比重；BI—商业收入；BIR—商业收入比重；r_1、r_2 分别为历史数据回归所得。

根据以往的数据，固定资产投资与 GDP 成正相关的关系，假设：

$$\text{FAI} = a\text{GDP} + b \qquad (7\text{-}6)$$

其中：FAI—固定资产投资，GDP—国内生产总值，a，b 为拟合常数。

模型中文化产业投资与商业投资占 FAI 一定比重，并且文化产业的发展通过文化产业对旅游影响表函数传递给旅游人口的增长，商业对旅游的影响通过商业旅游表函数传递给旅游人口的增长，所以有：

$$\begin{cases} \text{CII} = \text{FAI} \times \text{CIF} \\ \text{BII} = \text{FAI} \times \text{BIF} \\ \text{CF} = \text{TAB(CT, CII)} \\ \text{BF} = \text{TAB(BT, BII)} \end{cases} \qquad (7\text{-}7)$$

其中：CII 文化产业投入；FAI—固定资产投资；CIF—文化产业投资比例；BII—商业投入；BIF—商业投资比例；CF—文化产业对旅游影响系数；TAB(CT, CII)为文化产业对旅游影响的表函数；BF—商业对旅游影响系数；TAB(BT, BII)为商业对旅游影响的表函数。

7.2.3 商业子模型建模

如图 7-7 所示，商业模型以本地消费为主线，且商业收入主要由本地消费者消费得来。假设人均消费额为定值，则商业收入的计算如下：

$$\text{BI} = \text{AS} \times \text{LC} \qquad (7\text{-}8)$$

其中：BI—商业收入；AS—人均消费额；LC—本地消费者。

根据商业投入对国内生产总值 GDP 和固定资产投资 FAI 的函数拟合，假设商业投资比率为常数，则：

$$\text{BII} = \text{FAI} \times \text{BIF} \qquad (7\text{-}9)$$

其中，BII—商业投入；BIF—商业投资比例；

通过商业对本地消费表函数，可以将商业环境的影响传递给本地消费者数量的变化，即：

86

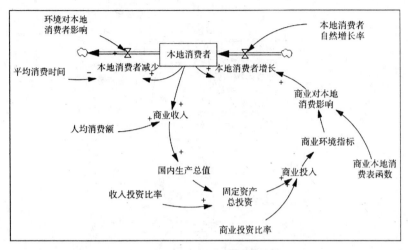

图 7-7　旧城区商业子模型

$$BCF = TAB(BC, BII) \qquad (7-10)$$

其中：TAB（BC，BII）—商业本地消费表函数；BII—商业投入；BCF—商业对本地消费影响。

7.3　城市更新社会子系统建模

如图 7-8 所示，城市更新社会子系统建模围绕旧城区三种人群展开，其中常住人口与房地产业息息相关，它是住宅建设的需求方和主要拉动力量；本地消费者是本地商业发展的核心，是商业消费与收入的来源主体；旅游人口是旅游产业发展的核心，也是旅游产业消费的主体。

7.3.1　常住人口子模型建模

常住人口子模型建模遵循一般人口增长的规律，其变化主要由人口的自然出生、自然死亡及人口迁移所决定，如图 7-9 所示。以马尔萨斯的人口理论为基础，假设旧城区常住人口的出生和死亡遵循一般的人口出生率和死亡率。但是由于现阶段城市人口的迁移也

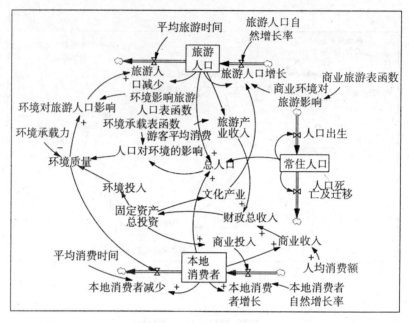

图7-8　旧城区人口子模型

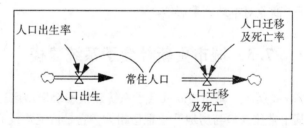

图7-9　常住人口水平变量图

是主要因素之一，因此为简化并与统计口径一致，具体数据模拟中，通过历史数据回归得到人口出生率和人口迁移及死亡率两个常数值，故：

$$\begin{cases} \dfrac{\Delta PP}{\Delta T} = PPB - PPD \\ PPB = PP \times PPBR \\ PPD = PP \times PPDR \end{cases} \qquad (7\text{-}11)$$

其中：PP—常住人口；PPB—人口出生；PPD—人口迁移及死亡；PPBR—人口出生率；PPDR—人口迁移及死亡率。

7.3.2　本地消费者子模型建模

如图 7-10 所示，本地消费者的数量为商业子模型中的水平变量，单位时间本地消费者数量的变化由本地消费者增长与减少共同决定。假设本地消费者发生变化，一方面遵循消费者自然增加的规律，同时也受到商业环境对消费者吸引的影响，则本地消费者的增长是本地消费者数量与其自然增长率的乘积和商业对本地消费影响之和；本地消费者减少主要由平均消费时间和环境对本地消费者的影响共同决定，由此可得：

$$
\begin{cases}
\dfrac{\Delta LC}{\Delta T} = LCI - LCD \\
LCI = LC \times LCDR \times BCF \\
LCD = \dfrac{LC}{ACT} \times ECF
\end{cases} \tag{7-12}
$$

其中：LC—本地消费者；LCI—本地消费者增长；LCD—本地消费者减少；LCDR—本地消费者自然增长率；BCF—商业对本地消费影响；ACT—平均消费时间；ECF—环境对本地消费者影响。

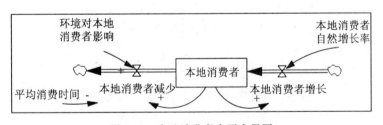

图 7-10　本地消费者水平变量图

7.3.3　游客人数的子模型建模

如图 7-11 所示，将旅游人口设置为水平变量，作为存量，其变化由单位时间内旅游人口的减少和增加共同决定。任何旅游地游客人数的发展都遵循逐渐增多的规律，它的增长一般存在一个恒定的增长率，这里称为旅游人口自然增长率；而平均旅游时间是根据数据资料测算得出，它的意义是单位时间内，平均旅游时间倒数的游客人数减少，即：

$$\begin{cases} \dfrac{\Delta \text{TP}}{\Delta T} = \text{TPI} - \text{TPD} \\ \text{TPI} = \text{TP} \times \text{TPR} \times \text{CF} \times \text{BF} \\ \text{TPD} = \dfrac{\text{TP}}{\text{ATT}} \times \text{ETF} \end{cases} \tag{7-13}$$

式中：TP—旅游人口；TPI—旅游人口增加；TPD—旅游人口减少；TPR—旅游人口自然增长率；CF—文化产业影响；BF—商业环境影响；ATT—平均旅游时间；ETF—环境对游客减少的影响；T—时间。

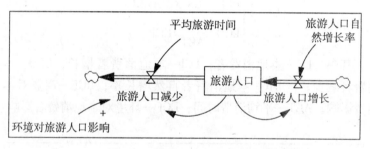

图 7-11　旅游人口水平变量图

7.4　城市更新环境子系统建模

基于可持续发展观点，旧城的发展要以环境质量为保障，但是实际发展旧城经济和社会事业过程中，环境保护常常滞后于经济和社会的发展。在城市更新中，本书强调要坚持以环境为发展的底线的理念，将环境的发展与经济社会发展相协调，达到城市更新的可持续发展。如图 7-12 所示，在城市更新环境子模型中，环境质量被设置为水平变量，所有的循环反馈关系围绕其变化而展开。

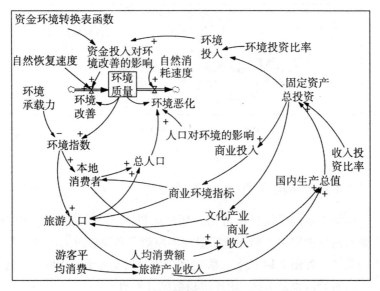

图 7-12 城市更新环境子系统

7.4.1 环境质量子模型建模

如上一节所述,环境质量为水平变量,其变化受到诸多因素影响,包括环境的自然恢复速度、资金的投入对环境改善的影响、环境自然消耗速度以及人口对环境的影响,其中环境的自然恢复速度和资金的投入对环境改善的影响是提高环境质量的内部因素,而环境自然消耗速度和人口对环境的影响是恶化环境质量的内部因素,如图 7-13 所示,因此:

$$\begin{cases} \dfrac{\Delta EQ}{\Delta T}=EI-ED \\ EI=EQ\times ER\times IEF \\ ED=EQ\times EC\times PER \end{cases} \tag{7-14}$$

其中:EQ—环境质量;EI—环境改善;ED—环境恶化;ER—环境自然恢复速度;IEF—资金投入对环境改善的影响;EC—环境自然消耗速度;PEF—人口对环境的影响;T—为时间。

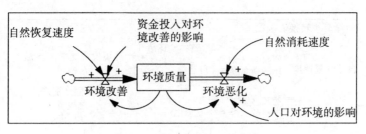

图 7-13　环境质量水平变量图

7.4.2　环境质量-人口子模型建模

由第 6 章的反馈分析可知，环境质量-人口子模型中存在着两个平衡的反馈回路，即环境质量与本地消费者及旅游人口是相互制衡的关系，如图 7-14 所示。假定环境质量的初始值是 100，环境承载力的初始值也是 100，则环境指数的计算有：

$$ECI = \frac{EQ}{ECC} \times 100\% \qquad (7\text{-}15)$$

其中：EQ—环境质量；ECC—环境承载力；ECI—环境指数。

环境指数对本地消费和旅游产业都有不同影响，通过表函数将这种影响传递给本地消费者和旅游人口，其中表函数通过历史数据回归而成，则有：

$$\begin{cases} \dfrac{\Delta LC}{\Delta T} = LCI - LCD \\[2mm] LCD = \dfrac{LC}{ACT} \times ECF \\[2mm] ECF = TAB(ECC,\ ECF) \end{cases} \qquad (7\text{-}16)$$

其中，LC—本地消费者；LCI—本地消费者增长；LCD—本地消费者减少；ACT—平均消费时间；ECF—环境对本地消费者影响，TAB(ECC，ECP)—环境指数本地消费表函数；T—时间。

同理可得环境及旅游人口方程组：

$$\begin{cases} \dfrac{\Delta TP}{\Delta T} = TPI - TPD \\[2mm] TPD = \dfrac{TP}{ATT} \times ETF \\[2mm] ETF = TAB(ECC,\ ETF) \end{cases} \qquad (7\text{-}17)$$

式中：TP—旅游人口；TPI—旅游人口增加；TPD—旅游人口减少；ATT—平均旅游时间；ETF—环境对游客减少的影响；TAB（ECC，ETF）—环境指数旅游表函数；T—时间。

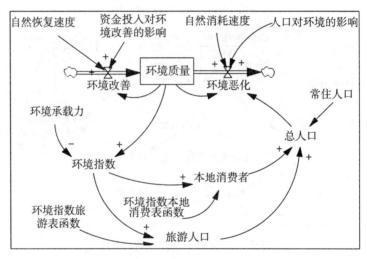

图 7-14　环境质量-人口子模型

7.4.3　环境质量-旅游与商业子模型建模

如前所述，环境质量-旅游与商业子模型中环境质量与旅游和商业是加强的反馈回路，重点表述这三者之间相互促进的数量关系。环境指数、本地消费者、旅游人口、商业收入、旅游产业收入、国内生产总值和固定资产投资的计算方程在其他子模型中已表述，这里主要计量环境投入对环境改善的影响关系。如图 7-15 可知，固定资产总投资中环境投入占到一定比例，用环境投资比率来表示，而环境投入的环境改善的影响难以用一般函数来表示，可运

93

用 Vensim 中特有的表函数进行表达，因此有：

$$\begin{cases} IE = FAI \times IER \\ IEF = TAB(IE，IEF) \end{cases} \qquad (7\text{-}18)$$

其中：FAI—固定资产投资；IE—环境投入；IER—环境投资比率；IEF—资金投入对环境改善的影响；TAB(IE，IEF)—资金投入对环境改善影响的表函数。

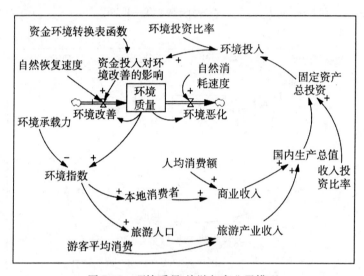

图 7-15　环境质量-旅游与商业子模型

8 广东潮州城市更新系统动力学模型构建

本章应用第 7 章建立的城市更新系统动力学模型，以广东潮州城市更新项目为实例，进行了实证应用研究，取得了较理想效果。

8.1 潮州市概况

潮州地处我国东南沿海地区，位于广东省最东端，北纬 23°26′~24°14′和东经 116°22′~117°11′之间，东连福建省的诏安县、平和县，西邻揭阳市的揭东县，北通梅州的丰顺县、大埔县，南接汕头市，东南部濒临南海，是广东省的东大门。潮州气候宜人，物产丰富，环境优美。全市总面积 3613.9 平方公里，其中陆域面积3080.9 平方公里，海域 533 平方公里，海岸线长 136 公里，有 33个海岛，隔海峡与南澳岛相望，距广州 460 公里，距厦门 260 公里，距香港 355.6 公里，距台湾 333.3 公里。潮州市地理区位见图8-1 所示。

潮州市现辖潮安县、饶平县、湘桥区和枫溪区(图 8-2)，湘桥区为潮州市典型的旧城区。潮州市下辖 48 个镇，9 个街道。总人口 250 万人，其中潮州城区 34.36 万人。人口主要为汉族人，还包括畲族等少数民族人口，是畲族的发祥地。旅居海外的潮州籍华人、华侨和港澳台同胞有 120 万人。自古以来不同来源人口在此融合，形成不同方言，全市以潮州方言为主，客家人使用客家方言、畲民使用畲族方言，普通话是相互交流沟通的语言，民俗特色鲜明。

潮州市历史悠久，人杰地灵，文化底蕴深厚，文化传统独特，

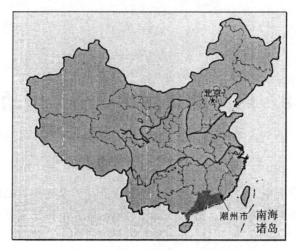

图 8-1 潮州市在全国的地理区位

旅游景观众多,素有"岭海名邦"、"海滨邹鲁"、"中原古典文化橱窗"盛誉。潮州古城在历史上很长一段时间曾经是粤东的政治、经济和文化中心,拥有非常丰富的历史文化名城保护利用资源。

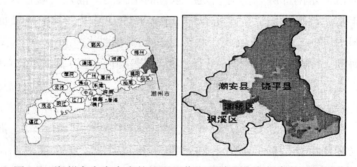

图 8-2 潮州市在广东省的地理区位和旧城区在潮州市的地理区位

潮州市是中国历史文化名城。2006 年,潮州市政府明确提出了"一名城、两基地"的潮州市发展总体定位,即:打造国内有重要影响力的历史文化名城,建成国内重要的特色产业基地和广东省重要的能源石化基地。为实现城市总体发展目标,潮州市把城市更新作为城市首要发展目标,相关建设项目为本研究的实证部分提供了理想案例。

8.2　潮州市城市更新系统分析

8.2.1　潮州市城市更新发展定位

潮州旧城区是潮州市历史文化名城建设的主要载体，对潮州市历史文化名城可持续更新发展的总体定位包括：

①对潮州市的丰富历史文化遗产资源进行严格保护和科学整合，实现资源可持续利用；

②对潮州市历史城区的产业经济进行结构调整和升级，恢复其活力，实现经济可持续增长；

③对潮州市历史城区的生态环境和住区环境进行可持续改善，使潮州市历史城区的社区居民生活环境质量不断得到提高；

④把潮州历史文化名城建设成为在国内和国际有重要影响力的中国历史文化名城。

根据潮州历史文化名城的总体定位和旧城区保护利用及发展的特色资源条件，课题组向潮州市政府提出了潮州旧城区保护更新建设目标定位：将潮州旧城区建设成为面向古城居民的适宜居住古城，面向潮州市民的休闲娱乐古城，面向广东及福建等邻近城市居民的节假日观光古城，面向全国旅游人群和专业考察研究群体的特色魅力古城，面向全球潮汕侨民和海外游客的寻根旅游古城。潮州旧城区保护更新建设目标定位框架见图8-3。

同时，加快发展旧城区的旅游服务业，复苏太平路及周边的老街商业，开发、提升桥东新区的房地产业，重新调整旧城区的经济体系构成，已经成为潮州旧城区保护更新建设发展的重要支撑。

8.2.2　潮州旧城区经济发展子系统分析

(1)潮州旧城区经济发展总体分析

潮州市是广东省东大门，地处经济发达的粤东地区，潮州市与

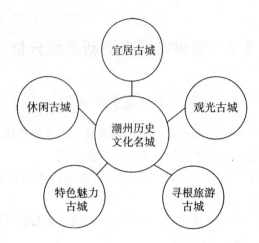

图 8-3　潮州旧城区保护更新建设目标定位框架

汕头市在广东省打造的"潮汕"地区品牌，已在全国产生积极影响。潮州市经济近十年持续高速发展，GDP 增长领先于全国平均水平，工业生产增长速度在全省位列前六，近年经济增长速度一直高于汕头市。随着潮汕国际机场的即将建成，闽粤赣经济协作区计划的持续推动，潮州市经济已进入新一轮持续快速发展时期。

　　潮州市"十一五"规划发展期间的年经济增长率为 12％，市区居民人均可支配收入年增长 7％。2006 年潮州市政府明确提出了"一名城、两基地"的潮州市发展总体定位。以潮州港经济区为依托，加快重化工业园区的规划建设和重化工业的培育引进，加快大唐潮州三百门电厂、华丰石化基地建设，形成了新的支柱产业和龙头企业。潮州市经济的持续稳定发展为旧城区经济复苏提供了很好外部环境。潮州市 GDP 增长与全国平均水平比较见图 8-4。

（2）潮州旧城区房地产业模块

　　近年来，潮州市房地产市场稳步发展。潮州市拥有 100 万人口的住房消费量，每年需求达 30 万平方米，人均居住面积每年增长约 0.7 平方米，住房需求潜力巨大。2003 年至 2005 年潮州市房地

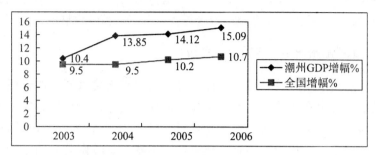

图 8-4　潮州市 GDP 增长与全国平均水平比较

产开发投资年增幅达 15%。全年商品房销售面积 37.5 万平方米，商品房销售额 5.2 亿元，商品房平均销售价格 1387 元/平方米，同比增长 13.2%。商品房施工面积 43.4 万平方米，下降 39.7%，商品房竣工面积 29.98 万平方米，下降 28%。潮州市在售新建商品房项目 10 个，约 37 万平方米，套型建筑面积大体在 80～180 平方米之间，全市商品房平均售价为每平方米 1554 元，同比增长 11.6%。近五年全市商品房建设水平明显提高，但潮州市房价水平尚未达到全国城市商品住宅价格平均水平，还具有很大投资发展空间。

　　可以看到，房地产业是城市经济发展的支柱产业，在历史文化名城与旧城区保护改造中也占有重要地位，尤其旧城改造是潮州旧城区保护利用建设项目的主要融资渠道之一。潮州旧城区内生活氛围浓厚，地段好和适合居住性极佳，从房地产再开发角度分析可利用价值极高。

　　同时，旧城区房地产开发应与旅游业开发密切配合。旅游业的开发将促进房地产业的发展，反过来房地产业的发展将为古城聚集人气，将为旧城完善配套，将为旧城吸纳资金，也对旅游的发展有着极大的推动作用。

　　据统计，2005 年潮州旧城区内现有公有产权的房屋户数 4823 户，建筑面积达 216515 平方米；单位产权房屋 102 户，建筑面积达 227556 平方米；旧城区合计房屋户数 4925 户，建筑面积共

444071平方米。将这笔开发和经营增值潜力巨大的资产结合旧城改造，从根本上建立潮州旧城区经济复苏和可持续发展的保障。

（3）潮州旧城区旅游产业模块

潮州市及旧城区同时具有丰富的生态与文化旅游资源。潮州是中国历史文化名城中生态环境原真性和整体性保护最为完好的旧城之一，生态旅游资源十分丰富。潮州历史悠久，文化独特，古迹众多，山川秀美，旅游资源相当丰富，是岭南著名的旅游胜地。全市现有文物景点780多处，"城、山、江、海、湖"特色明显，文化旅游经济蓬勃发展，自古就有"到广不到潮，枉费走一遭"之说。2004年，潮州市被国家旅游局授予"中国优秀旅游城市"称号。图8-5为课题组编制的潮州市旧城区生态景观综合概念规划图。

潮州旅游产品以"历史古城文化旅游"、"传统工业文化旅游"和"生态农业观光旅游"等为品牌，整合提升旅游资源，旅游市场人气趋旺。潮州市加快开发特色旅游产品，拓展区域旅游合作，创新旅游宣传推介方式，使潮州作为优秀旅游城市更富有内涵和活力。全市旅游收入23.82亿元，比上年增长14.8%，接待海内外游客164.3万人次，增长14.6%，其中，接待海外游客18万人次，增长13.6%，接待国内游客146.3万人次，增长14.7%，客房出租率达70.2%，比上年提高3.8个百分点。

（4）潮州旧城区商业模块

2008年，潮州市全市社会消费品零售总额83.2亿元，增长22.3%，增速居全省各市第7位。城乡市场保持繁荣，城市市场零售总额24.5亿元，增长16.4%；农村市场零售总额41.6亿元，增长27.4%。分行业看，批发零售业零售额71.9亿元，增长22.9%；住宿餐饮业零售额11.3亿元，增长79.2%。

随着潮州市城市化进程加快，旧城区的居住功能日益落后，但其商业地位在短期内由于新区没有同类新项目可以取代，因而形成了其商业规模不断向周边新区扩大延伸的趋势。自古以来潮州市旧

100

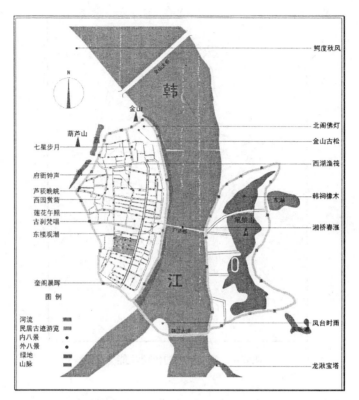

图 8-5 潮州市旧城区生态景观综合概念规划

城区就拥有最繁华的商业地段，富商云集，名店林立和成熟的商业
服务配套体系，"北贵、南富、东财、西丁"的商业格局孕育着古
城更大的商机(图 8-6)。近年来随着潮州市政府旧城建设工作的加
快开展，旧城区的商业价值、居住价值已日益回归和凸显，由其概
念规划即可显示(图 8-7)。

8.2.3 潮州旧城区社会发展子系统

(1)潮州旧城区社会事业模块

全市人口增长得到有效控制。2005 年年末全市户籍总人口

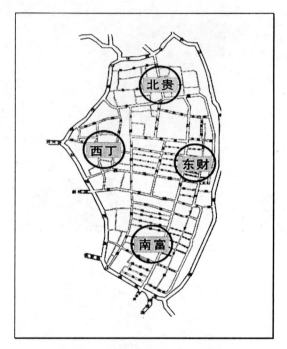

图 8-6 潮州旧城的传统功能分区

250. 42 万人，比上年净增 0. 83 万人，其中市区人口 34. 36 万人。根据 2005 年全国 1% 人口抽样调查结果测算，2005 年年末全市常住人口 252. 01 万人，人口出生率 11. 56‰，死亡率 6. 24‰，自然增长率 5. 32‰。社会保障面进一步扩大。全市社会养老保险参保人数 26. 27 万人，比上年增长 12. 24%，其中企业职工 22. 08 万人，增长 14. 5%。全市参加失业保险的职工 23. 44 万人，参加工伤保险的职工 15. 61 万人，参加职工基本医疗保险人数 4. 09 万人，分别增长 11. 3%、11. 9% 和 60. 6%。全年各类社保基金收入 3. 8 亿元，比上年增长 10. 4%，共支付各项待遇 3. 1 亿元，基金综合收入结余 6731 万元。各项保险待遇实现 100% 社会化发放。全市共有 4. 86 万人得到最低生活保障，低保面达 1. 95%。

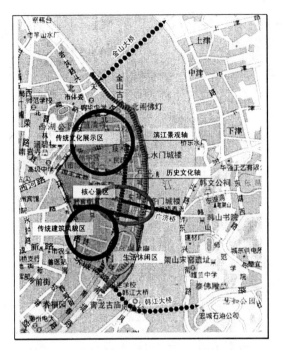

图 8-7 潮州旧城区保护利用商业概念规划

(2) 潮州旧城区文化事业模块

潮州市旧城区具备丰富的历史文化资源。首先，潮州文化是中华民族优秀文化的重要组成部分，也是岭南文化的重要组成部分，同属中原文化。同时，潮州是历史悠久的南国故郡、人文鼎盛的"海滨邹鲁"、文物丰硕的"岭海名邦"和风情独特的"文化橱窗"。潮州不仅具备打造全国有重要影响的历史文化名城物质有形载体，更拥有蕴涵丰富的历史人文资源，是创建全国有重要影响旧城区的品牌载体。图 8-8 为课题组调研归纳的潮州市传统历史文化遗存。

近 20 年来，潮州市十分重视历史文化名城和旧城区建筑文化遗产的保护和修复工作，按照"修旧如旧"、"不改变文物原貌"的

103

从熙公祠梁架雕饰　　己略黄公祠雀替　　潮州石雕　　工艺瓷篮

建筑嵌瓷　　潮绣工艺　　潮州抽纱　　潮州泥塑

图8-8　风格独创的潮州传统历史文化遗存

原则，先后投资约5亿元，对保存较完好的旧城东北部进行了维修，初步形成东部韩祠、西部葫芦山、南部凤凰台、北部北阁等4大文物景区，旧城东西部由已维修竣工的广济桥以及开元寺、海阳县儒学宫、许附马府连接，旧城南北部由旧城墙和正在修复的牌坊街连接，一个包括有桥、塔、亭、楼、坊、阁、祠、寺、宫、石刻、府第、古窑、城墙等门类众多、丰富多彩的旧城文物旅游区已初步形成。

8.2.4　潮州旧城区环境子系统

潮州历史文化名城拥有得天独厚的生态环境资源，潮州市的重要发展定位之一是"生态潮州"。潮州旧城区拥有"三山一水一洲护古城"的优良自然生态资源，打造潮州"自然生态古城"是实现将潮州市高标准建设成为在国内外有重要影响力的历史文化名城发展目标的必然选择。图8-9为潮州市旧城区"三山一水一洲"的自然环境。

潮州旧城区的环境质量影响要素由水环境、卫生环境、空气环境、声环境、绿化环境和特色环境六类因子组成。主要指标见表8-1。

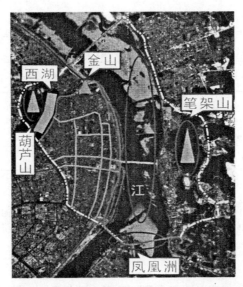

图 8-9　潮州市旧城区"三山一水一洲"的自然环境

表 8-1　　　　潮州市旧城区生态环境质量规划指标

序号	指标名称	国家标准
1	森林覆盖率(%)	≥40
2	受保护地区占国土面积(%)	≥17
3	退化土地恢复率(%)	≥90
4	城市空气质量(优良天数)(天/年)	≥330
5	城市水功能区水质达标率(%)(且城市内无超4类水体)	100
	近岸海域水环境质量达标率(%)	100
6	SO2 排放强度(千克/万元 GDP)	<5.0
	COD 排放强度(千克/万元 GDP)	<5.0
7	集中式饮用水源水质达标率(%)	100
	城镇生活污水集中处理率(%)	≥70
	工业用水重复利用(%)	≥50
8	噪声达标区覆盖率(%)	≥95

序号	指标名称	国家标准
9	城镇生活垃圾无害化处理率(%)	100
	工业固体废物处置利用率(%)(无危险废物排放)	≥80
10	城镇人均公共绿地面积(m²/人)	≥11
11	旅游区环境达标(%)	100

潮州旅游基础设施发展迅速，城市环境不断优化，旧城区绿化覆盖率接近40%，城市饮用水达标率100%。韩江水质常年保持二级，在广东全省质量最好，潮州的空气质量为国家二级标准。

8.3 潮州城市更新系统模型参数分析

8.3.1 基于最小二乘法的数据拟合

实际测量中往往通过观测得到的数据是有误差的，如果要求近似函数包括全部已知点，相当于保留全部数据误差，这是不合理的。数据拟合的最小二乘法原理是根据给定的数据组(x_i, y_i) $(i = 1, 2, \cdots, n)$，选取近似函数形式，即给定函数类H，求函数$\varphi(x) \in H$，使得：

$$\sum_{i=1}^{n} \delta_i^2 = \sum_{i=1}^{n} \left[y_i - \varphi(x_i) \right]^2 \tag{8-1}$$

为最小，即

$$\sum_{i=1}^{n} \left[y_i - \varphi(x_i) \right]^2 = \min_{\psi \in H} \sum_{i=1}^{n} \left[y_i - \psi(x_i) \right]^2 \tag{8-2}$$

这种求近似函数的方法称为数据拟合的最小二乘法，函数$\varphi(x)$被称为这组数据的最小二乘函数。通常取H为一些比较简单函数的集合，如低次多项式、指数函数等。

8.3.2 潮州城市更新经济子模型参数分析

(1) 国内生产总值与固定资产投资系数

2000年以来,潮州市国民经济发展迅速,旧城区经济也得到极大的提升,由此带来的社会固定资产投资也得到相应提高,如图8-10所示。

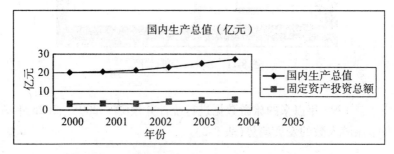

图8-10 潮州市旧城区国内生产总值变化趋势

根据对以往的数据的统计分析,固定资产投资与 GDP 成正相关的关系,假设

$$FAI = a\mathrm{GDP} + b \tag{8-3}$$

其中,FAI—固定资产投资,GDP—国内生产总值,a,b 为拟合常数。

应用计量经济学软件 Eviews 对历史数据进行回归,如图8-11所示,分析可得出 a,b 的值:

$$a = 0.399; \qquad b = -4.79$$

GDP-FAI 函数线性回归 Eviews 截图,如图8-11所示。

(2) 旅游人口自然增长率

由于旅游收入与旅游人口息息相关,因此,将旅游人口的预测纳入城市更新经济子模型参数的预测范畴。根据中山大学城市与区域研究中心编制的《潮州市旅游发展总体规划(2005—2025)》对潮

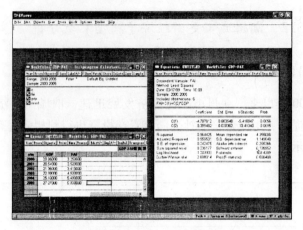

图 8-11 Eviews 回归截图

州市自 1999 年以来的旅游数据进行统计并预测了 2005～2025 年潮州市旅游人数的发展趋势(表 8-2)。

表 8-2 潮州市旅游业发展分期目标

	2004		2010		2015		2025	
	数量	1999—2004 递增	数量	递增率	数量	递增率	数量	递增率
国内游客数量(万人;%)	127.49	20.13	279.84	14	411.17	8	669.76	5
海外游客数量(万人;%)	15.86	18.91	36.69	15	59.08	10	127.55	8
游客总数量(万人;%)	143.35	20	316.53	14.2	470.25	8.2	797.31	6
旅游总收入(亿元;%)	20.74	23.02	58.90	19	113.4	14	223.08	7

经过分析,此旅游人数的增长预测为总增长率,即同时考虑所有因素的预测,在模型中剔除相关影响而只考虑旅游人数的自然增长率(表 8-3)。

表8-3		旅游人数的自然增长率			
	1997	1997—2004	2004—2010	2010—2015	2015—2025
自然增长率预测(%)	24%	20%	10%	6%	5.5%

以时间为变量,通过表函数,将自然增长率以函数的形式表示出来。表函数是系统动力学中一类很常用和适用广泛的函数表达形式(图8-12)。

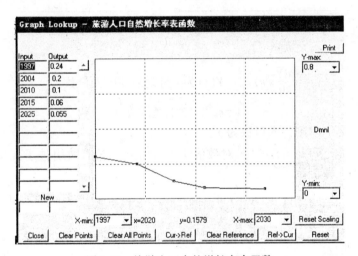

图8-12 旅游人口自然增长率表函数

8.3.3 潮州城市更新社会子模型参数分析

近十年的数据表明,潮州市旧城区社会发展迅速,旧城区常住人口保持稳定,其人口出生率、人口死亡及迁徙率和人口自然增长率的变化趋势如图8-13所示。

社会子模型是以旧城区更新收益主体——常住居民人口总量变化为主要指标。人口模型的建立主要借鉴马尔萨斯的人口论模型。根据马尔萨斯定律,假设 Y 为城市人口总量,t 为时间,可得:

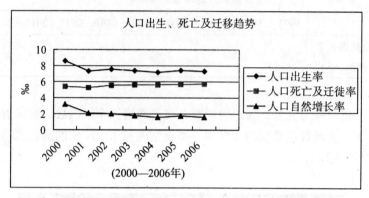

图 8-13　潮州旧城区人口出生、死亡及迁移趋势

$$\frac{\mathrm{d}Y}{\mathrm{d}t}=kY \qquad Y(t) \text{为} t \text{时刻某地区人口数}$$

$$Y=ce^{kt}(c \text{为任意常数})$$

若 t_0 时刻，人口数为 Y_0

则　$Y(t)=Y_0 e^{k(t-t_0)}$ 对数值不大，时间不长有效引进了人口增长率，得到：

$$\frac{\mathrm{d}Y}{\mathrm{d}t}=kY-bY^2 \qquad k、b \text{为生命常数，} b \text{相对于} k \text{很小}$$

即有
$$\begin{cases} \dfrac{\mathrm{d}Y}{\mathrm{d}t}=kY-bY^2 \\ Y(t_0)=Y_0 \end{cases} \tag{8-4}$$

$t\to\infty$ 时，$Y(t)\to\dfrac{k}{b}$，某些生态学家估计 $k=0.029$

$$\frac{\mathrm{d}Y}{\mathrm{d}t}=(r_1-r_2)Y \tag{8-4}$$

通过对潮州旧城区有关统计数据的分析，得出：

$$r_1=0.0098; \qquad r_2=0.0012$$

其中，r_1 为人口出生率，r_2 为人口迁移及死亡率。

8.3.4　潮州城市更新环境子模型参数分析

潮州市旧城区空气质量保持良好状态，多个区域空气环境质量

110

达到国家二级质量标准。水源保持较好质量，其中韩江潮州河段饮用水源水质达到或优于国家二类质量标准。生活垃圾卫生填埋场一期工程建成使用。市区绿化覆盖面积 1500 公顷，绿化覆盖率39.8%，旧城区生活污水处理率达到 70%。通过对潮州市旧城区环境历史数据处理，利用系统动力学表函数工具，得到资金投入对环境改善的影响和对人口对环境的影响，具体如图 8-14 和图 8-15所示。

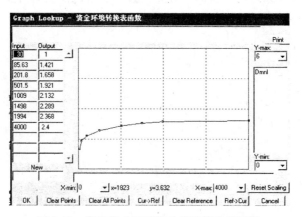

图 8-14　资金投入对环境改善的影响表函数

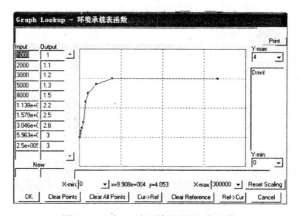

图 8-15　人口对环境的影响表函数

8.4　本章小结

本章以"潮州市古城区保护利用建设项目综合研究"课题为依据，以潮州市为案例，进行了潮州城市更新系统动力学模型构建，应用前章成果，调研分析了旧城经济、社会、环境子系统，并进行了基础数据的收集与整理。在对潮州城市更新系统动力学模型中的子模型等参数进行分析的基础上，验证了所建模型的可操作性，为下章进行动力学仿真打下基础。

9 广东潮州城市更新系统动力学仿真研究

本章在反馈回路设计与建模基础上，对州历史名城更新进行了系统动力学仿真，在四项仿真目标和三项仿真原则限定下，对仿真数据和历史数据进行了检验和敏感性分析，分别对旧城区现有情况和涉及住宅、经济产业、社会和环境四个方面的 10 个决策设计进行了模拟仿真，提出了优化决策建议。

9.1 仿真目标与原则

9.1.1 仿真目标

模型以 1997—2005 年历史数据进行模拟，仿真周期为 2005—2025 年广东省潮州市旧城区更新建设，仿真目标包括：①模拟潮州市旧城区经济社会发展的状况；②诊断潮州市旧城区社会发展的瓶颈问题；③优化潮州市城市更新建设项目决策设计；④总结归纳城市更新发展中的可持续发展路径。

9.1.2 仿真原则

仿真原则包括：①真实模拟城市更新系统内部的交互作用；②实时凸显城市更新系统的运作动力机制；③灵活处理系统仿真处理复杂时变关系的优点。

9.2 模型检验

运行系统动力学模型，对 1997—2005 年潮州旧城区经济社会发展的多个数据进行模拟比对，包括常住人口、旅游人口、旅游收入、国内生产总值、住房开发量等，模拟数据如图 9-1 常住人口实际数据与仿真数据对比所示。

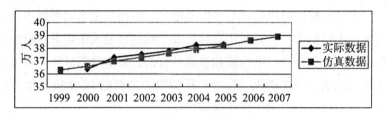

图 9-1　常住人口实际数据与仿真数据对比（万人）

表 9-1　　常住人口实际数据与仿真数据对比（万人）

年份	1999	2000	2001	2002	2003	2004	2005	2006	2007
实际数据	–	36.39	37.29	37.54	37.79	38.24	38.3	–	–
仿真数据	37.0	37.3	37.6	37.9	38.2	38.6	38.9	38.6	38.9
误差	–	-0.91	-0.31	-0.36	-0.41	-0.36	-0.6	–	–
误差（%）	–	-2.5%	-0.8%	-1.0%	-1.1%	-1.0%	-1.6%	–	–

潮州市旧城区常住人口相对稳定，其人口出生率和自然增长率都维持在一个相对较低的水平，且这一数值较为稳定。通过拟合可以看到，仿真数据与实际数据拟合程度很高，误差在 ±3% 以内。这是因为常住人口的变化受影响的因素较少，仅包括人口的自然出生率、自然死亡率和迁移率，而这些影响因素又比较稳定，未出现较大的起伏。

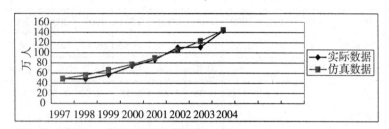

图9-2　旅游人口实际数据与仿真数据对比（万人）

表9-2　　　　　旅游人口实际数据与仿真数据对比（万人）

年份	1997	1998	1999	2000	2001	2002	2003	2004
实际数据	49.02	48.41	56.81	73.82	86.35	110.17	111.13	143.35
仿真数据	49	56	66.2	77.1	89.8	104.8	122.7	144.2
误差	-0.02	7.59	9.39	3.28	3.45	-5.37	11.57	0.85
误差（%）	0.0%	15.7%	16.5%	4.4%	4.0%	-4.9%	10.4%	0.6%

　　由图9-3和表9-3可知，潮州旧城区的旅游人口拟合效果较好，多数结果的拟合的误差在±8%以内，从拟合的趋势可知，潮州市旧城区的旅游人口逐年平稳增加，在2003年其旅游人口的增加一度几乎短暂停滞，但随后的统计数据表明，潮州市旧城区旅游发展会一直保持相对平稳的增长趋势。

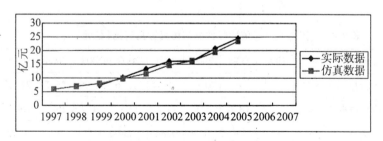

图9-3　旅游收入实际数据与仿真数据对比（亿元）

表9-3　　　旅游收入实际数据与仿真数据对比（亿元）

年份	1997	1998	1999	2000	2001	2002	2003	2004	2005
实际数据	–	–	7.36	10.18	13.28	16.05	16.17	20.74	24.5
仿真数据	5.94	7	8	9.8	11.6	14.7	16.2	19.4	23.4
误差	–	–	-0.64	0.38	1.68	2.35	-0.03	1.34	1.1
误差(%)	–	–	-8.7%	3.7%	12.7%	8.4%	-0.2%	6.5%	4.5%

　　由第7章讨论可知，旅游收入与旅游人口呈线性正相关关系。模型拟合结果与实际数据多数在±8%以内，只有2001年的数据达到12%。分析原因在于旅游人口在2002年出现了不规律停滞，而2001年的实际数据在曲线上出现拐点。考虑到此拐点为随机性的数值变化，因此，旅游收入实际数据与仿真数据的拟合仍然在模型中在可以接受的范围内，且排除此拐点对函数的干扰有利于对之后数据的准确模拟（图9-4，表9-4）。

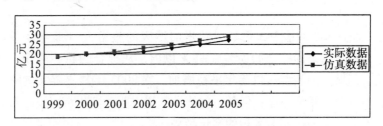

图9-4　国内生产总值实际数据与仿真数据对比（亿元）

表9-4　　　国内生产总值实际数据与仿真数据对比（亿元）

年份	1997	1998	1999	2000	2001	2002	2003	2004	2005
实际数据	—	—	—	20.06	20.54	21.36	22.99	25.1	27.27
仿真数据	16.8	17.7	18.8	20	21.4	22.9	24.7	26.7	29.2
误差	—	—	—	-0.06	0.86	1.54	1.71	1.6	1.93
误差(%)	—	—	—	-0.3%	4.2%	7.2%	7.4%	6.4%	7.1%

9.3　敏感性分析

在仿真工具 Vensim 中，常数值的图形浏览敏感模块所使用的工具称为"SyntheSim"；当使用"SyntheSim"时，模拟的结果会盖掉原有的模块，条板的刻数是表示可改变的常数，图形是用来表示输出或模块变量的冲突。如图 9-5 潮州市城市更新系统动力学模型敏感性分析所示。

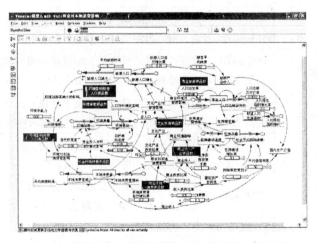

图 9-5　潮州市城市更新系统动力学模型敏感性分析

通过对所建模型进行敏感性分析，结果表明，模型在运行过程中，对不同变量进行调整，仿真数据未出现脉冲式跳动，说明所建模型比较稳定。

9.4　城市更新项目决策方案优化实验

9.4.1　优化方案设计

城市更新系统是一个复杂的巨系统，它涉及旧城的经济、社会和环境等众多方面；而且城市更新的定性政策很多，通过将各种城市更新改造政策进行量化，改变其中的一个或一系列的因变量，通过观察其对城市更新的其他指标的影响，从而达到优化城市更新决策的目标。表9-5为潮州城市更新政策决策的方案及数据。

表9-5　　　　城市更新政策决策的方案及数据

政策仿真方案	改变数据	政策描述
原模型	无变化	不改变模型中任何因变量，在现有政策的假设前提下，对旧城经济社会发展状况仿真
方案一	HIC 提高或降低20%	提升或降低对潮州市旧城区房地产业的投资政策力度，增加或减少投资额20%
方案二	HIC 和 DF 提高20%	改变拆除率政策因子，加快潮州市旧城区房地产业投资，加速旧城的旧房清除
方案三	AHAR 提高20%	外部经济环境良好，从而整体提升人均居住面积，使其增长超过预期，住房需求量增加
方案四	ATC 提高或降低20%	设法延长潮州旧城区旅游消费链，使游客的平均消费提升，带动其他收入
方案五	TPR 平均降低2%	有计划地控制潮州旧城区游客人数的增加，使其游客人数的增加实现在合理和可控制的范围内
方案六	CIF 增加或减少10%	调整潮州旧城区文化产业政策，增加或减少文化产业的投资比例，从而调整旧城区文化产业投入
方案七	BIIR 增加或减少20%	调整潮州旧城区商业政策，增加或减少商业投资比例，从而调整旧城区商业投入
方案八	IER 增加或减少20%	调整潮州旧城区环境政策，增加或减少环境投资比率，从而调整旧城区环境投入
方案九	ACT 增加或减少20%	加强或降低潮州旧城区的商业投入，发展商业产业链，延长或缩短平均消费时间
方案十	BIIR 增加或减少20%	调整潮州旧城区商业政策，调控商业投资比率进而调整旧城区的商业投入

9.4.2　原模型仿真

原模型是基于现有政策和已有数据进行拟合，即按照既有政策和发展模式，对潮州旧城区的经济、社会、环境和住房等进行模拟，将经济、社会、环境及房地产等子模型中重要指标设置为可测变量，得到以下三类结果。

(1) 城市更新经济子系统仿真

从图 9-6 中可以看到，经济子模型中的旅游产业收入、商业收入、国内生产总值、文化产业投入等都以不同程度得到提升。

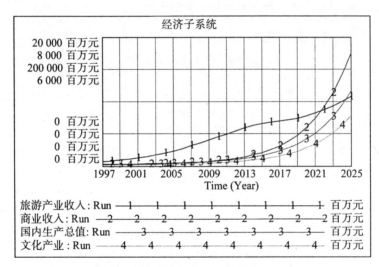

图 9-6　原模型经济子系统仿真结果

按照模型假设，环境投入、商业投入和文化产业投入都是按照固定资产总投资的一定比例进行的，从图 9-7 可以看出，各种产业的投入仿真结果与之前假设基本一致。

在图 9-8 中，以建筑平均寿命为 50 年计算，社会平均拆除速度略低于住房建设速度，但是由于社会期望人均居住面积的不断提升，使得住房需求量随之提升，住房满足的需求量保持下降趋势；

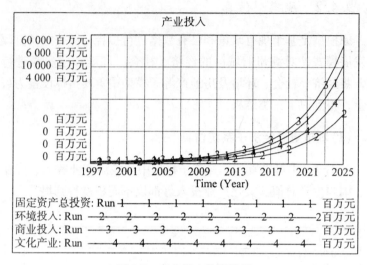

图9-7 产业投入仿真结果

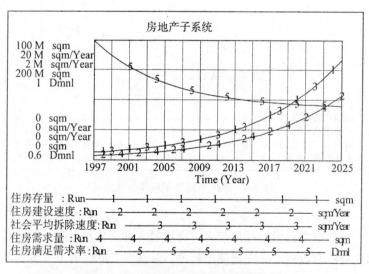

图9-8 原模型房地产子系统仿真结果

同时，由于住房需求得不到满足，催生住房建设速度加快，使得住房需求率下降的速度不断减弱直至接近达到平衡状态。

120

(2)城市更新社会子系统仿真

如图 9-9 所示，以人口模型为代表的社会模型中，常住人口的增长较为平稳，保持着一定比率，接近于平稳的直线型增长，而旅游人口和本地消费者的增长相对较快。

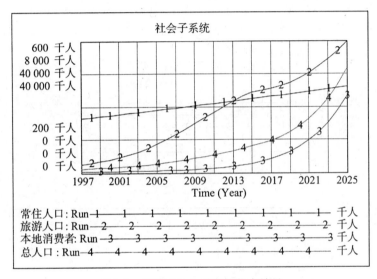

图 9-9　原模型社会子系统仿真结果

如图 9-10 所示，由于效用递减的原因，旅游人口在增加程度上渐渐放缓，旅游人口的增长在后期有达到平衡的趋势，其减少幅度也随之有放缓的趋势。这种趋势同样符合本地消费者数量的变化趋势。

(3)城市更新环境子系统仿真

如图 9-11 所示，环境质量在初期阶段增长较为平稳，但幅度不大，在 2010 年前后有较大提升，但在此后出现较大幅度的下滑。究其原因在于，虽然环境投入在仿真期限内不断提升，环境改善的力度也因此有较大增加，但是由于在一定时点之后，环境承载力达

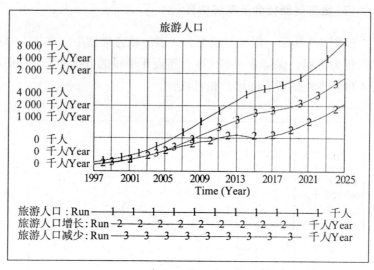

图 9-10 旅游人口的变化趋势

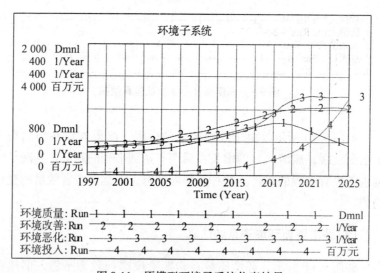

图 9-11 原模型环境子系统仿真结果

到极限，环境的修复能力下降，环境恶化的程度到达顶峰，继而超过环境改善的程度，最终使得环境质量总体下滑。

另一方面可以看到（图9-12），总人口在不断增加，其对环境的影响程度却呈现出S形变化，这符合效用原理的一般规律。环境的投入随着经济的增长在不断增加，但是资金的投入并不是解决环境问题的良药，而资金投入对环境的改善程度也符合效用递减原理，这也是解释为什么环境在逐渐得到改善之后会呈现下降趋势的根本原因。

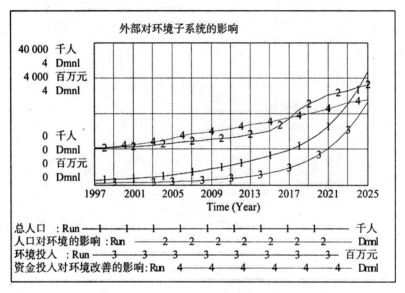

图9-12 外部对环境子系统的影响

9.4.3 住宅子系统3种发展模式对比仿真

（1）改变旧城区房地产业的投资政策力度

如图9-13～图9-16所示，Run1表示保持现有政策不变的仿真结果，Run2表示提升潮州市旧城区房地产业的投资政策力度，提升其政策系数20%的仿真结果；Run3表示降低房地产业投资政策系数20%的仿真结果。可以看到，提升或降低对潮州市旧城区住房地产业投资的力度，对房地产业的发展调整较为有作用，这也是对通过投资促进旧城房地产业的发展政策的肯定，它能在一定程度上缓解旧城区住房需求满足率的下降趋势；同时，在一定程度上提升了房地产业的效率，提高了整个潮州旧城区住房的建设速度和拆除速度。

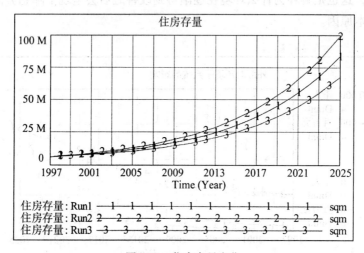

图 9-13　住房存量变化

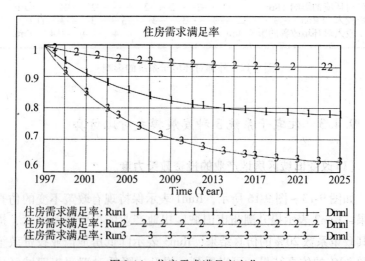

图 9-14　住房需求满足率变化

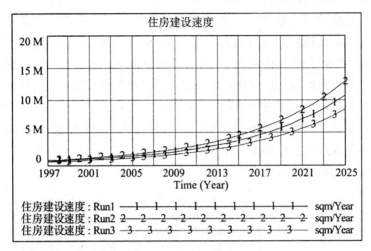

图 9-15　住房建设速度变化

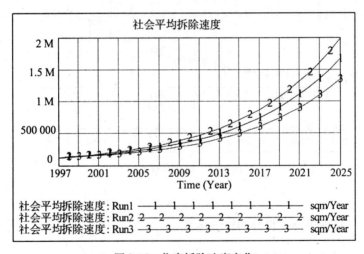

图 9-16　住房拆除速度变化

(2)采取"大拆大建"的城市更新模式

如图 9-17～图 9-20 所示，Run1 表示保持现有政策不变的仿真结果，Run2 表示提升潮州市旧城区房地产业的投资政策力度，提升其投资政策系数 20%，同时提高住房拆除率政策因子，加快旧城区老房的清除力度的仿真结果。这种"大拆大建"的旧城改造模式在 20 世纪 90 年代末和 21 世纪初较为盛行。可以看到，这种政策确实在短时间内使住房需求满足率的下降趋势减缓，对缓解旧城区的住房紧张状况有所帮助。但是，可以看到，它对旧城区本身住房存量的提升作用并不是很明显，同时这种"大拆大建"的政策为了满足现在住房的需求，在很大程度上可能破坏了原有住区稳定的社会结构和优秀历史文化建筑。

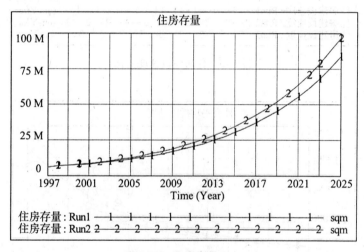

图 9-17　住房存量变化

(3) 促进外部良好的经济环境

如图 9-21 ~ 图 9-24 所示，Run1 表示保持现有政策不变的仿真结果，Run2 表示外部经济环境良好，从而整体提升人均居住面积的增长趋势，使其增长超过预期，住房需求量得到增加的仿真结果。可以看到，期望居住面积的增加对住宅产业的拉动作用十分明显，这表明住宅产业的发展最主要的影响因素是居民对住房的实际需求，它是住宅产业发展的主导因素。当然，由期望增加产生的住

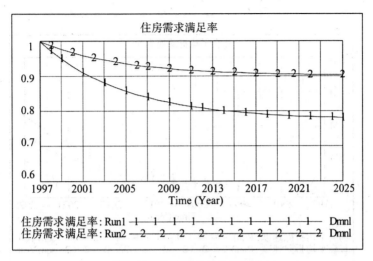

图 9-18 住房需求满足率变化

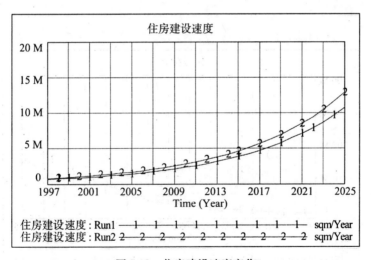

图 9-19 住房建设速度变化

房满足率下降是可以预期的，同时住宅产业的新增住房建设速度得到提升，而社会平均拆除速度产生下降。

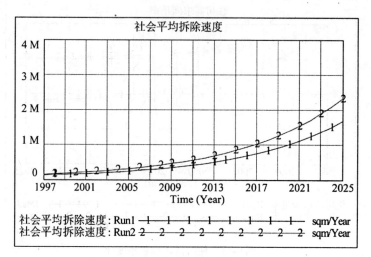

图 9-20　住房拆除速度变化

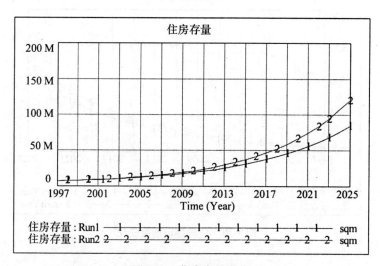

图 9-21　住房存量变化

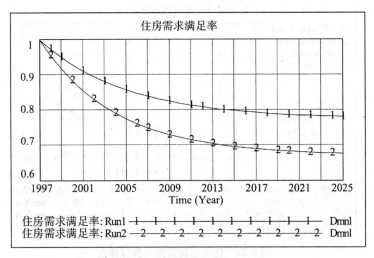

图 9-22 住房需求满足率变化

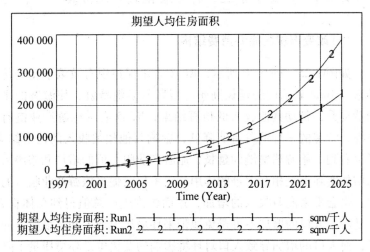

图 9-23 期望人均住房面积

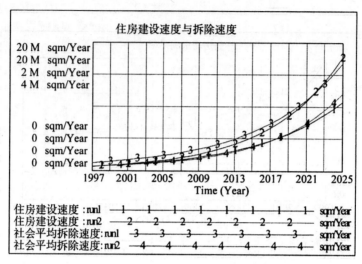

图 9-24　住房建设速度与拆除速度

9.4.4　产业子系统 3 种发展模式对比仿真

(1)改变旧城区旅游消费结构

如图 9-25 ~ 图 9-30 所示，Run1 表示保持现有政策不变的仿真结果；Run2 表示设法延长潮州旧城区旅游消费链，使游客的平均消费提升，带动其他收入的仿真结果；Run3 表示旅游产业链有所萎缩，游客的平均消费有所降低，影响其他相关收入的仿真结果。可以看到，旅游消费链的延长、旅游产业附加值的增加和旅游人数的增加实际上是相互促进的作用，它不仅会促进旅游产业收入的增加，也会带来商业收入的增加，进而国内生产总值得到总体提升。但是旅游人口的增加不可避免地带来环境压力增大和环境质量的下降，而人口的增加导致人口对环境影响的变化也是环境质量下降的原因之一。

130

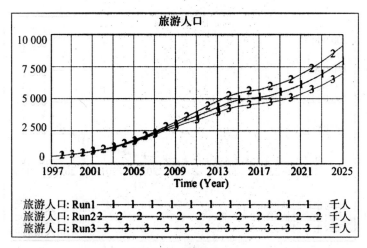

图 9-25　旅游人口

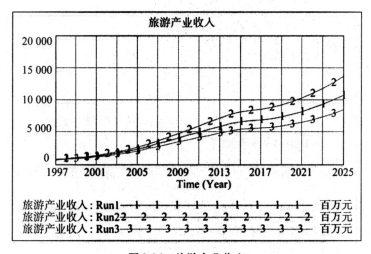

图 9-26　旅游产业收入

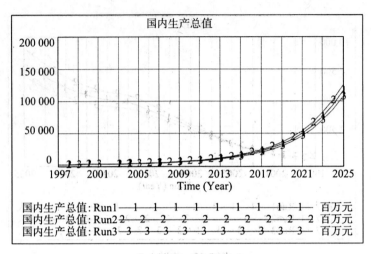

图 9-27 国内生产总值

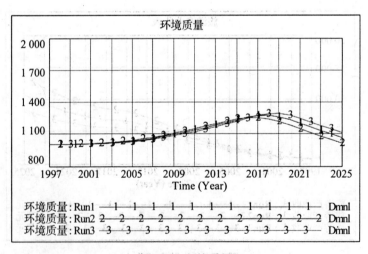

图 9-28 环境质量

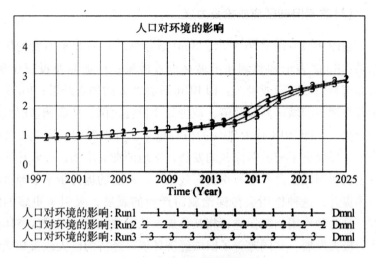

图 9-29　人口对环境的影响

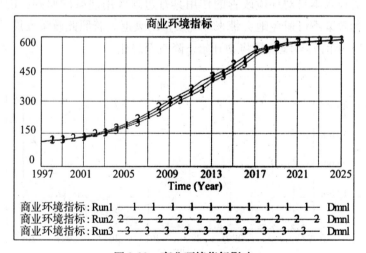

图 9-30　商业环境指标影响

(2)改变旧城区商业投资力度

如图 9-31～图 9-36 所示，Run1 表示保持现有政策不变的仿真结果；Run2 表示调整潮州旧城区商业政策，增加商业投资比例，从而调整旧城区商业投入，即 BIIR 增加 20% 的仿真结果；Run3 表示调整潮州旧城区商业政策，减少商业投资比例，从而调整旧城区商业投入，即 BIIR 减少 20% 的仿真结果。可以看到，商业投资的增加无疑促进了旧城区商业的发展，本地消费者增加，商业环境指标也表明旧城区商业环境得到有效改善，商业的提升带来了经济的整体提升，这种作用会传递给旅游产业的发展，吸引了更多的游客，且这种作用相互促进，相互叠加，从而共同推动旧城区整体经济的极大发展，共同改善了旧城经济环境。经济的巨大改善却掩饰不了给旧城环境所带来的压力。由于对环境的改善方面，除了随之而来的环境投入的增加，并未带来其他更多有效的改善方法，而环境的投入本身对环境改善的作用具有边际效用递减的原则，因此，这种政策不可避免地会带来环境质量的衰退。若照此政策发展，在2013 年前后环境质量将会开始下降直至恶化。

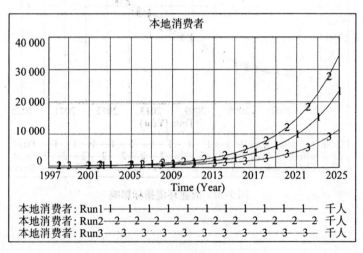

图 9-31　本地消费者变化

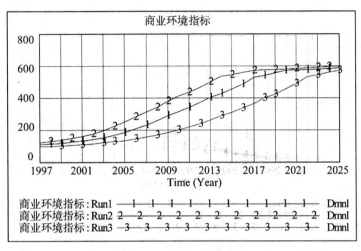

图 9-32　商业环境指标的变化

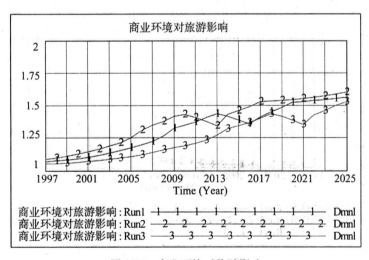

图 9-33　商业环境对旅游影响

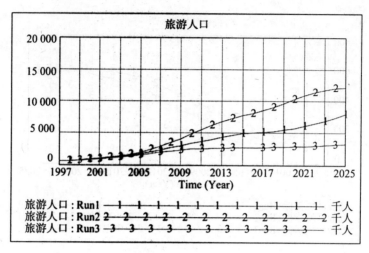

图 9-34　旅游人口

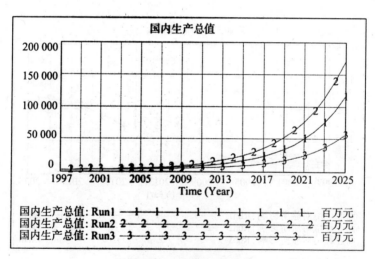

图 9-35　国内生产总值

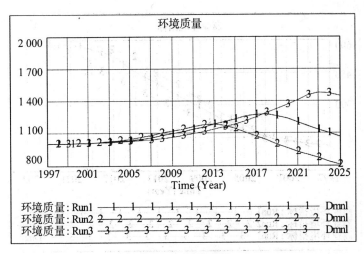

图 9-36　环境质量

（3）改变旧城区商业产业结构

如图 9-37～图 9-40 所示，Run1 表示保持现有政策不变的仿真结果；Run2 表示加强潮州旧城区的商业投入，发展商业产业链，延长平均消费时间，即 ACT 增加 20% 的仿真结果；Run3 表示降低潮州旧城区的商业投入，缩短商业产业链和平均消费时间，即 ACT 下降 20% 的仿真结果。可以看到，短期内，通过延长商业产业链，商业环境的提升效果明显，本地消费者人数的增速也较为明显，这种政策还在一定程度上对旅游产业的发展有促进作用；但是长期来看，商业环境的发展趋势与其他政策接近，而这种政策未兼顾到环境保护，最终可能以牺牲环境质量作为发展的代价。

9.4.5　社会子系统 2 种发展模式对比仿真

（1）有计划地控制潮州旧城区游客人数

如图 9-41～图 9-44 所示，Run1 表示保持现有政策不变的仿真结果；Run2 表示有计划地控制潮州旧城区游客人数的增加，使游

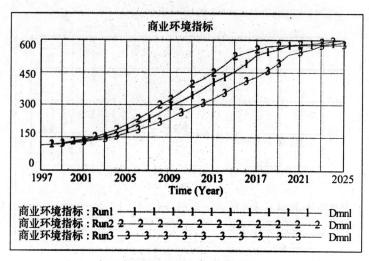

图 9-37 商业环境指标

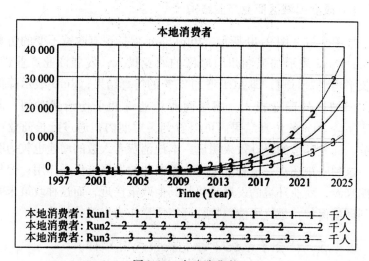

图 9-38 本地消费者

客人数的增加在合理和可控范围内，即 TPR 平均降低 2% 的仿真结果。可以看到，此种政策将会使旧城区的旅游人口在 2015 年前后

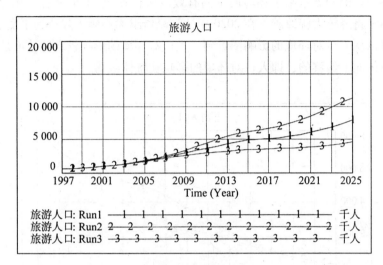

图 9-39 旅游人口

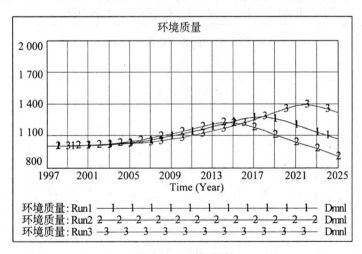

图 9-40 环境质量

停止增长而保持相对平稳状态，与此相关的旅游产业收入也会在这一年前后达到峰值，之后会略微下降继而也保持相对平衡。损失了旅游产业的发展带来了环境质量的有效改善，在 2015 年之后，环境质量将继续大幅改善，在 2020 年达到峰值继而小幅下降达到平衡。可以从人口对环境的影响图看到，人口对环境的影响较之前政策是整体向下偏移的，即人口对环境的影响在整体减弱。

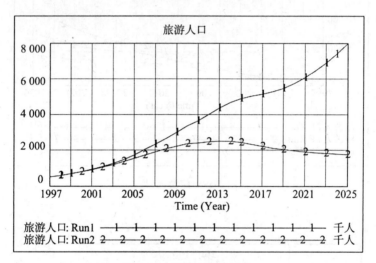

图 9-41　旅游人口的变化

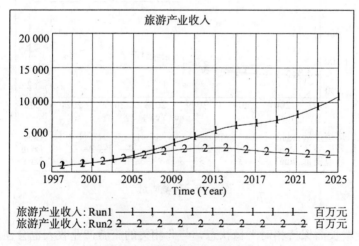

图 9-42　旅游产业收入的变化

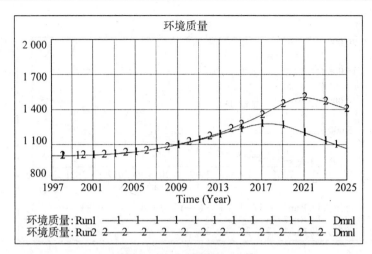

图 9-43　环境质量的变化

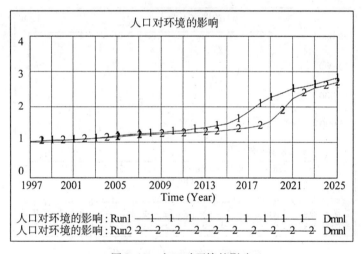

图 9-44　人口对环境的影响

(2) 调整潮州旧城区文化产业政策

如图 9-45 ~ 图 9-48 所示，Run1 表示保持现有政策不变的仿真结果；Run2 表示调整潮州旧城区文化产业政策，增加文化产业的

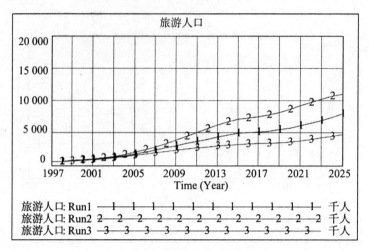

图 9-45　旅游人口的变化

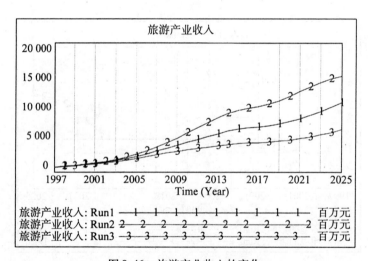

图 9-46　旅游产业收入的变化

投资比例，从而调整旧城区文化产业投入，即 CIF 增加 10% 的仿真结果；Run3 表示调整潮州旧城区文化产业政策，减少文化产业的投资比例，从而调整旧城区文化产业投入，即 CIF 减少 10% 的仿真结果。可以看到，增加文化产业的投入，可以有效提升旅游产业的发展水平，增加旅游产业收入，从而增加国内生产总值，进而

142

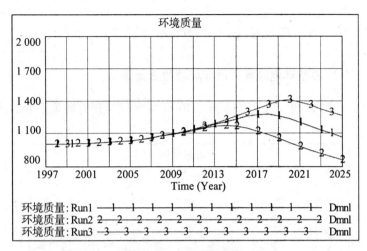

图 9-47　环境质量变化

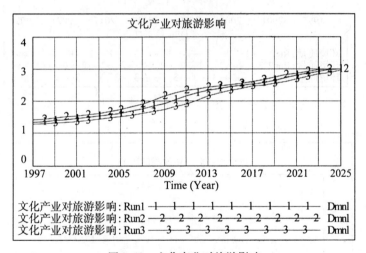

图 9-48　文化产业对旅游影响

又带来文化产业投入的增加，它们是相互促进的关系，可以从文化产业对旅游影响图中看出；反之亦然。但是，这种以吸引游客和增加游客数量为导向的旅游产业发展势必带来环境压力的增加，环境质量的衰退也在预料之中。

9.4.6 环境子系统 2 种发展模式对比仿真

(1) 调整环境政策，改变环境投资比率

如图 9-49 ~ 图 9-52 所示，Run1 表示保持现有政策不变的仿真

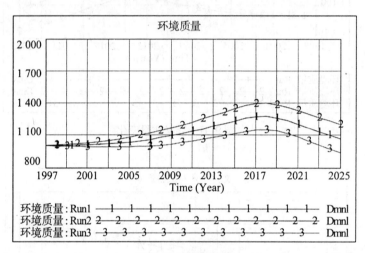

图 9-49 环境质量

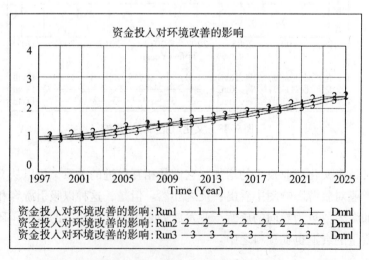

图 9-50 资金投入对环境改善的影响

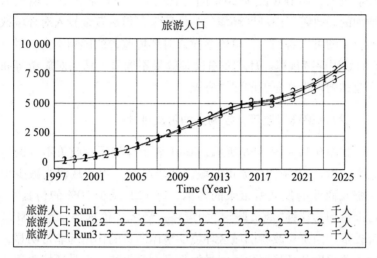

图 9-51　旅游人口

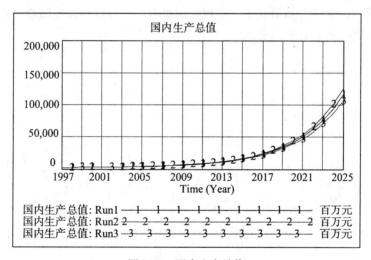

图 9-52　国内生产总值

结果；Run2 表示调整潮州旧城区环境政策，增加环境投资比率，从而调整旧城区环境投入，即 IER 增加 20% 的仿真结果；Run3 表示调整潮州旧城区环境政策，减少环境投资比率，从而调整旧城区环境投入，即 IER 减少 20% 的仿真结果。可以看到，环境投入的增加的确改善了旧城区环境的整体质量，但从资金投入对环境改善的影响图可以看到，环境资金投入对环境改善的影响不大，且存在 S 形效用递减规律。环境质量改善效果不明显，从而对旅游等相关产业和国内生产总值的促进有限。

（2）调整环境政策，控制人均污染排放

如图 9-53 ~ 图 9-56 所示，Run1 表示保持现有政策不变的仿真结果；Run2 表示调整潮州旧城区环境政策，力争从源头减少由于旅游及商业的发展所带来的污染，即 PEF 减少 10% 的仿真结果。可以看到，这种"源头防治"的策略，经济代价远小于增加环境改善投资，但是对改善旧城区环境的整体质量的作用却非常明显，环境改善程度和环境恶化程度虽然都呈上升趋势，但是环境改善的幅度远大于恶化程度。同时，由于环境的改善对产业发展的促进，使得国内生产总值得到了一定程度的提升，而且这种提升随着时间的发展，效果日趋明显。

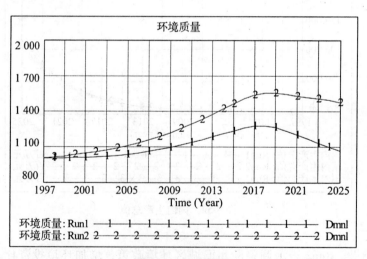

图 9-53　环境质量

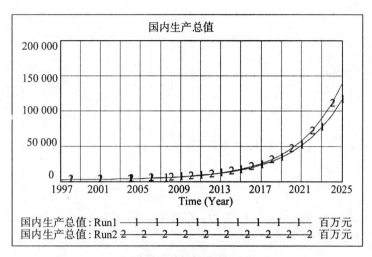

图9-54 国内生产总值

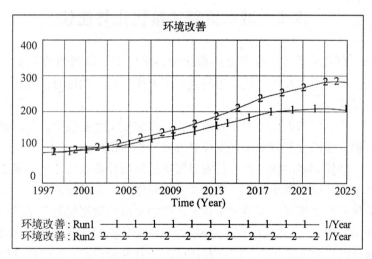

图9-55 环境改善

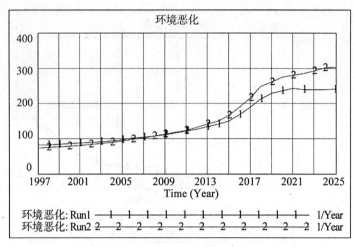

图 9-56　环境恶化

9.5　城市更新决策优化与建议

本书通过建立城市更新系统动力学模型，以潮州市旧城区为例，对其更新发展与建设策略进行了系统仿真，通过对比分析得出以下建议：

①在旧城区住宅产业发展方面，加强住宅产业投资，但应避免大拆大建的发展方式，开发应延续城市的传统风貌。

加强必要的住宅产业投资以解决居民居住需求与住宅存量之间的矛盾，应采取小规模、渐进式的更新模式，并尽量避免大拆大建的住宅发展模式，需要城市管理者更加灵活地运用规划等手段进行控制和引导，如可以通过小规模的地块划分控制开发规模，还可以通过降低容积率指标，压缩整体式改造开发的利润，为多样化的小规模的改造方式创造发展空间。更重要的是运用规划的技术和策略手段在更新中延续城市的传统风貌特色，重点是其空间肌理、功能特色和生活文化，以此为文化产业和旅游业提供可持续发展资源。

②充分利用旧城区拥有的丰富历史文化资源，协同发展文化产

业、旅游业与商业等多种产业。

旧城区文化产业与旅游业潜力巨大，多种产业的协同发展，不但能够极大增强旧城区人员流动进程，有力改善"空心城"现象，还会极大促进旧城区文化与旅游产业的发展，激活旧城区经济，是发展旧城区经济的优选路径。同时，结合建设保护历史建筑，维护其原有的商业服务设施和旧建筑传统风格外貌，进行内部更新，满足现代使用要求。这种做法既维修、保护了历史建筑，又丰富了旧城区的中心地区的文化资源，使其更具吸引力。

③生态环境是旧城区全面可持续发展的保障，应有计划地发展旅游产业与商业，同时注重环境保护的投入。

旧城区开发初期，通常都具有比较好的生态环境条件。这是因为旧城区土地资源稀缺，难以建立起规模性的工业企业，但是另一方面，由于旧城区土地资源的稀缺性，难以设立生态缓冲区，生态环境承载力比较薄弱。随着旅游业及相关产业的发展，旧城区可能产生生态环境下降，甚至恶化的潜在危险。其中，主要污染将来自旅游业游客人数和商业发展的本地消费者数量，而旧城区自有居民与流动人口的生产生活相对稳定。因此，拉动旅游人口和本地消费者的同时，应协调其与环境承载力之间的关系。

③应加大对商业、文化产业与环境的资金投入，统筹多种产业与环境保护协调发展。

商业、文化产业与环境的资金投入都是旧城区更新发展的核心因素。环境的投入要超过一定比例以缓解经济起飞阶段所带来的环境恶化的压力，但是环境投入比重须根据当地实际环境和经济发展阶段的不同条件确定，并且从仿真的结果看，由于效用递减，以环境投入来改善旧城区的环境质量的效果会越来越力不从心，必须以多种途径，结合相关产业发展，改善旧城区的环境质量。

④逐步缓解旧城区经济发展与环境保护的矛盾，提倡"源头防治"的环保策略。

现阶段城市发展过程中，对待环境污染大多采取的是"先污染再治理"或"边污染边治理"的政策。从模型仿真结果可以看到，"末端治理"的环保政策不仅得不偿失，而且在经济发展到一定阶段后，仅通过资金投入的措施治理污染的效果并不理想。因此，逐步从最初的"末端治理"过渡到"生产过程控制"，直到可持续发展的"源头防治"将成为城市改善环境的重要策略。

城市经济、社会和环境的协调发展是旧城可持续发展问题的永恒主题，文章应用系统动力学方法，对涉及旧城区更新中经济、社会和环境的各发展要素予以分析，通过反馈回路和数值模拟，为城市更新政策决策进行了仿真模拟。分析仿真结果表明，未来几十年，随着我国旧城问题的更加突出，旧城发展须寻求一条可持续更新之路。

第三部分　实务篇

10　城市旧城住区发展与更新模式比较研究

现阶段，中国已呈现出城市更新改造与房地产开发休戚相关、共同繁荣的趋势。如何将城市住区更新与房地产开发有机结合，针对不同旧城特点选择房地产再开发模式成为城市更新成败的关键，也是中国大中城市健康发展的重要课题。

10.1　城市住区更新的概念与理念

城市住区更新（urban residential renewal）是指通过对住宅陈旧过时的功能和劣化环境等要素进行调整置换、改善补充和重建创新等方式，使旧住宅达到新建的居住功能质量标准，并具备可持续发展的潜质。城市住区更新是一项涉及社会、经济、环境、文化等多方面的系统工程，具有多重发展目标，这些目标不应被单独分隔对待，而应以可持续发展观去重新定位。

10.2　城市更新与住房开发交互作用

城市更新改造为住房开发提供土地，而住房开发为城市更新改造提供资金和动力。城市更新改造盘活城市土地，将对土地供应的数量和结构产生重大影响；住房产业介入不仅为城市更新改造筹集资金，实现城市资产的良性循环，而且可以超越原有区位、功能束缚，调整、塑造区域产业经济结构，后者对于区域经济发展的贡献将远大于房地产销售本身所带来的一次性效应。

但城市旧城区人口密度大、建筑多，市政管线布置杂乱、容量小，交通条件较差等给住房开发带来困难，可能转化为开发商成本。政府作为城市管理经营者，需从降低市场运作难度出发，合理运用"规划"的调控手段，适当降低开发商在市政配套方面的负担。另一方面，开发商应充分利用旧城区位优势，充分发掘旧城历史文化、商业等传统资源，发现土地和项目的潜在价值，打造有特色的旧城开发项目，**避免破坏性开发和"搭便车"式开发的误区**。

10.3 旧城住区更新典型模式的比较研究

10.3.1 新旧街区互动式整体开发

此方式建立在共同发展基础上，将旧街区与新街区"捆绑"开发，通过新旧街区经济文化互动拉动整个街区发展的开发模式，是传统街道住区保护更新的可行方案之一。

历史街区开发有三种方式：**拓宽道路，全部新建商业区；保留局部老街，与新建结合开发；保留局部老街，与新建结合开发，并加上政府的容积奖励为开发标准**。实践证明，进行新旧街区互动式整体开发方式，相比拓宽道路新建商业区的方式，容积率相同情况下，利润将大幅度超出；若再加上部分容积鼓励，利润空间更有吸引力，局部保留老街带来的效益远超道路拓宽带来的经济效益。在盲目相信"铲平式开发"才是获取最大利润的方式时，这个结果提供了新的思考方式，一种保存和发展共生的可能做法。

以天津市海河两岸综合开发改造为例。海河沿岸启动工程共规划大悲院、古文化街等六大商贸区域，其中存有一批有相当保护价值的传统街区。海河改造规划对现存的旧建筑进行修复、改造和扩建，重建历史上著名的海河楼和水阁，与新建商业建筑群相结合，形成民俗博物馆、民间艺术作坊、古物市场、旅游休憩等文化区域，展示天津"水文化"的历史和未来，成为天津市重要的标志性街区。开发改造促进了传统街区在大城市现代化进程中的角色转换，提升了传统街区与周边地区的品位和价值。这一工程是政府行为，国家强有力的宏观调控使得大范围内的新旧街区互动式整体开发成为可能，为传统街区的保护和再利用提供了可靠保证，而单个房地产开发商望尘莫及。如图 10-1 和图 10-2 所示。

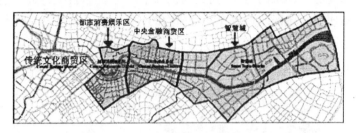

图 10-1 天津海河区区域规划图

图 10-2 天津海河区改造后现状图

10.3.2 层次性综合保护性再开发

这种开发在历史风貌保护区内，对国家或省市级历史文物或具有文化特征的建筑，按其重要性和历史纪念价值分别予以核心保护、协调性保护与再开发性保护，同时综合运用多种保留形式、功能置换和"修旧如旧"、新旧共生等思想和设计手法，因此对进行再开发的地产公司有着相对较高的要求。

以上海新天地城市更新项目为例。新天地位于上海卢湾区东北角的太平桥地区，是典型的旧城住区，紧靠淮海中路、西藏路等商业街。区内有国家重点保护单位"中共一大会址"和许多建于 20 世纪初典型的上海石库门里弄建筑，历史文化内涵丰富。为了使这些建筑在旧城改造后不至于被淹没在与之极不协调的环境中，在其周

155

围划定一个风貌保护范围以保护其环境风貌，并对保护区内的建筑划定了核心保护、协调性保护与再开发性保护。新天地的成功在于改变原先历史建筑的居住功能，赋予新的商业经营价值，最终把百年的石库门旧城区改造成充满生命力的"新天地"。如图 10-3 所示。

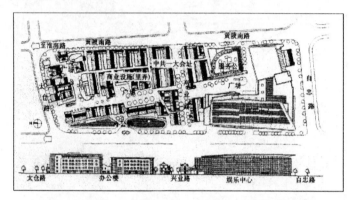

图 10-3 新天地总规划图与马当路侧(西侧)立面图

10.3.3 旧城社区整体复制更新开发

旧城社区整体复制更新开发即对更新改造的旧城住区进行修缮、改造和开发，通常不是一成不变的重新修建，而是分类进行更新开发，保留旧城住区中建筑结构较为完好且具有较强地方特色的楼栋，整修恢复起现代使用功能；对已不符合现代生活需要，结构破损严重的房屋，重置添加现代化设备设施，使其具有现代使用功能。

以武汉市 2000 年初启动的老城区最大危房改造项目"如寿里人家"修建为例。规划阶段，对于是建欧式的高楼大厦还是保持原貌风格争论颇大，但政府和开发商采取了务实态度，在该地区还未划为保护片区情况下，坚持尽量保持居住区"里份"风格的原则，如保留老虎窗和石库门等建筑符号。2001 年"如寿里人家"原址复制成功，除一部分用于还建外，大部分用于对外销售。作为多层建筑，当时均价比武汉楼市均价高五六百元，比周边高层建筑也高出

156

两百元左右，并打出了"老地方·新生活"的广告，"里份"做成楼盘的卖点销售效果良好，实现了政府实施旧城改造、开发商赚取利润、市民安居乐业三方多赢，成为旧城改造的经典项目，但整体性"复制"中，只是对原有建筑的模仿，并未将其中具有历史文化保存价值的"里份"建筑保存下来，如图10-4和图10-5所示。

图 10-4　改造更新后的"如寿里人家"

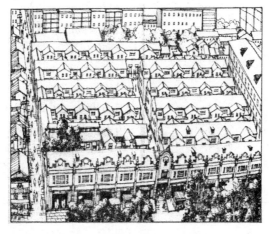

图 10-5　如寿里旧貌(辛艺峰绘)

10.3.4 旧城住区更新典型模式的比较

三种模式中，新旧街区互动式整体开发的方式多针对文化功能与价值突出，而经济与其文化地位不相称的成片街区，保留其中文化功能卓越的点、线、面，使其更新改造后文化与经济相互拉动，达到新旧街区的共同发展；层次性综合保护再开发多用于大城市旧城中心，文物保护建筑多处于其中，力求保护与开发的协调统一；旧城社区整体复制更新开发方式多用于对旧城住区建设改造，通常社区内多数房屋已到不能继续发挥功能的地步，更新中只保留有限的文化符号，采取尽量保持原来建筑风格和空间布局进行重建的改造方式，着力于基础设施的更新，达到较高的居民回迁率，但盲目地重建容易导致具有历史保存价值的历史建筑的破坏，违背历史街区原真性保护的原则。对比分析如表10-1。

表 10-1　　城市更新中房地产开发模式对比分析

类型	代表案例	建成时间	存在背景		开发特点
			区域背景	项目本身	
新旧街区互动式整体开发	天津海河	2010 年前	地处城市中心，文化古迹环绕，经济与文化地位不称	建设城市新商务区，通过项目达到城市更新和价值提升	新旧街区"捆绑"发展，经济、文化相互拉动
层次性综合保护再开发	上海新天地	2011 年前	地处发达城市旧城中心，区域内重要文化单位	结构形式与建筑有机结合，力求在围合有限的格局中达到保护和开发的统一	文保单位分层次剥离，居住功能转为商业经营，回迁率低

续表

类型	代表案例	建成时间	存在背景		开发特点
			区域背景	项目本身	
旧城社区整体复制更新开发	武汉如寿里	2001.10	建成于20世纪初,地处旧城区腹地,住区环境恶劣	采取尽量保持原建筑风格和空间布局的方式重建,着力与基础设施的更新	培育地方特色和改善配套设施,回迁率高,易破坏原有历史建筑

10.4 小 结

　　旧城住区更新不仅与城市经济功能恢复密切相关,还广泛涉及社会、文化甚至是时空等因素。本章以旧城与旧城住区更新的概念入手,阐述了城市更新中城市发展与房地产开发的交互作用,通过归纳中国城市中存在的三种旧城住区更新典型模式,比较其开发背景与特点,力图寻找一条适合中国不同城市特点的旧城住区更新范式。坚持保护与开发相结合和以人为本的原则,根据城市自身肌理,延续城市历史脉络,在城市更新房地产开发中创造政府、开发商、居民的多赢格局,走一条可持续更新之路。

11　城市老工业住区的衰退机理与保护更新

11.1　武汉老工业住区形成历史背景

新中国成立之初，百废待兴。为了尽快振兴薄弱的国家经济，从 1953 年起，在前苏联的经济技术援助下，以发展重工业为核心，在第一个五年计划中开展了大规模的经济建设活动。其中的主要任务是以苏联帮助我国设计 156 项建设单位为中心，集中主要力量进行由限额以上的 694 个单位组成的工业建设，初步建立我国社会主义工业化基础体系。

大批产业工人、技术人员从天南地北汇聚到了一起。为快速改善产业工人居住条件，在进行工业住区建设时采用"拿来主义"，大多仿造当时前苏联居住区的建设模式，有的甚至直接使用前苏联的住宅施工技术和图纸进行建设。由于缩短了设计时间，因而在相对短的时间内同时解决了十几万甚至几十万产业工人的居住问题。根据统计，新中国成立初期国家主要建设城市共修建职工住宅建筑面积 8100 万 m^2，投资总额为 44 亿元。其中仅第一个五年计划前四年修建了 6515 万 m^2，投资 36.44 亿，占到了当时基础建设投资总额的 9.32%。

武汉市青山区是新中国成立后发展起来的新型工业城区，素有"十里钢城"之美誉，也称为"红钢城"。为了配合重工业基地的建设，从"一五"时期开始，武汉市武钢、一冶等大型企业在工厂西侧也集中修建了大型生活居住区，形成了青山区"东工西居"的城区格局。生活居住区经过 1955 年、1957 年和 1960—1970 年 3 个阶

160

段的建设，逐渐形成了成片的以红砖外墙、红色坡屋顶为外观的居住建筑群，被武汉当地人称为"红房子"。现存的"红房子"集中分布于青山区生活中心红钢城与红卫路地区，包含 16 个街坊，建筑总量达到 50 万 m²。

"红房子"使用年限已超过或接近 50 年，基本为危旧房，后期在各街坊中插建、新建了大量建筑。加之逆工业化过程和房地产开发的随之跟进，红房子的去留一直是城市发展的困局。工业历史是近代文明的一部分，人们对于历史遗存的工业建筑往往具有一种特殊的情感，因为特定的历史符号会唤起人们对特殊年代的记忆，对于工业建筑的保护再利用有利于珍藏记忆，延续城市文脉。

11.2 武汉老工业住区建设演变机理与物理衰退

优秀历史建筑是城市历史文化遗产的重要载体，代表了一个地区、一个城市的过去和现在。与青山地区城市和社会发展密切相关的青山区特色街区和"红房子"建筑特色风貌，综合反映了 20 世纪建国初期"建设武钢、发展武汉"重要时期的城市发展历史脉络，具有很高的历史延存价值和现时利用价值，其发展建设经过了较长的历史演变和积淀形成。

11.2.1 武汉"红房子"住区建设演变机理

武汉市青山区"红房子"住区大体可分为四个建设演变阶段。

第一代"红房子"住区建筑：1955 年左右按照前苏联援建技术和图纸建造的第一批产业工人居住建筑，具有独特的建筑符号、较高水平的建筑质量和长期形成的产业工人社区文化，是青山区历史建筑的重点保护对象。坡屋顶、清水墙面、楼梯间水泥通花装饰、弧形砖砌装饰线，入口处有水泥装饰栏板，上面记录了 20 世纪 50 年代红色中国领导人的文化符号。露明的地圈梁线、毛石和片石基础、预制挑檐。阳台虽经改建，但水泥栏板装饰仍清晰可见。这些建筑符号集中体现出 20 世纪 50 年代武钢第一批职工宿舍的独有特色(图 11-1、图 11-2)。

图11-1　第一代"红房子"建筑九街坊鸟瞰图(李杰绘)

图11-2　第一代"红房子"建筑细部特征

　　第二代"红房子"住区建筑：1957年左右由企业单位自建的第二批产业工人居住建筑，沿袭了第一批居住建筑的建造风格和住区特征，又加入了本土化时代符号。在建筑符号方面，仍然可以看到山墙开高窗，砖砌挑檐，顶层圈梁和楼梯入口处水泥栏板等结构做法；在建筑布局方面，第一代"红房子"直接采用前苏联的围合式布局。这种布局形式在严寒地区可有效抵御周边侵袭的寒风，建筑保暖效果较好，但由于武汉处于夏热冬冷地区，雨水充沛且湿度大，在第二代"红房子"中就转变为行列式布局，更利于建筑通风。第二代住区居住对象为武钢的高级技术人员和管理人员，因此该批建筑无论从建造质量还是户型设计在当时都是十分优秀的。

第三代"红房子"建筑：20世纪60年代由企业单位自行建造的普通工人标准住房，该批建筑沿用了前面两代建筑的"红房子"外立面特征。走廊栏板装饰采用通花装饰，砖砌立柱，入口处水泥栏板的设置较为随意，楼梯间已无特别装饰。由于单身职工占较大比例，在户型设计方面表现为外走廊式的平面格局，便于房屋的平面和空间的自由组合及灵活使用。建筑整体布局多采用行列式或交错式布局，由于时代原因和经济条件所限，该批建筑的整体质量劣于第二代建筑。

第四代"红房子"建筑：20世纪70年代的企业单位自建房，该批建筑已部分脱离了"红房子"的建筑特征。平屋面形式开始出现，属于为满足成长起来的第二代产业工人的基本居住需求而建造的维持性住宅，户均居住面积较小，团结户较多，建筑质量较差，户型设计不够合理(图11-3)。

第二代"红房子"　　第三代"红房子"　　　　第四代"红房子"

图11-3　第二～四代典型"红房子"建筑

综上所述，武汉青山区特色街坊和"红房子"历史建筑是指以坡屋顶、清水墙面等红色外观立面为基本特征的第一、第二、第三代产业工人居住建筑，它们如同一个个默默无语的历史传承者，记载和讲述着建国初期新中国早期产业工人的光荣创业历史和真实生活写照。这些特色街坊和"红房子"历史建筑的存在，使青山区具有了强烈城市个性和鲜明历史文脉，彰显了青山区的独特历史文化和现代城区建筑风采。"红房子"片区面积大，容积率低，对该区域的城市肌理、天际轮廓线和空间密度都有重要调节作用，在武汉市主城历史文化名城保护中也有不可或缺的重要地位。

11.2.2 武汉"红房子"住区的物理性衰退

(1)"红房子"住区建筑人居环境劣化

武汉市青山区"红房子"住区建筑历经半个多世纪损耗，功能质量均已严重衰退老化，主要表现在：房屋完损、等级持续降低，危房不断增多；住宅成套率极低，基础设施及居住环境很差；设施功能严重老化、缺乏；因维修资金太少，住宅失修失养现象十分严重。

将所调查"红房子"住区建筑房屋质量分为五级：一级为质量基本完好，规划较好，空间平面布局合理，居住环境良好的房屋；二级为只需对部分非承重结构拆建改造就可满足居住使用要求的房屋；三级为需拆除少部分主体承重结构改造的房屋；四级为需拆除大部分主体结构改造的房屋；五级为严重损坏和处于危险须全部拆除的房屋。武汉市青山区16个"红房子"街坊的实际调查评价分析结果见图11-4所示。武汉"红房子"建筑人居环境劣化实景如图11-5所示。可见，"红房子"住区建筑质量已严重劣化。

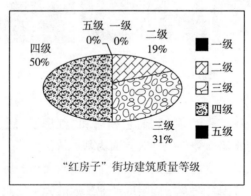

图11-4 武汉"红房子"建筑质量调查评价分析

(2)"红房子"住区特有的团结户问题

团结户是新中国成立初期工业住区特有的居住形式。每户只有

图 11-5　武汉"红房子"建筑人居环境劣化实景

1 个单间，3~4 户共用厕所和厨房，私密性较差，房屋设计没有阳台和大客厅，使得住宅的分户开放空间性能较差。家庭人口 3 人以下占绝大多数，大多为两代人同堂居住，所住户型多为不到 50 平方米的小二室二厅，人均居住面积不足 15 平方米。多数家庭住房比较紧张，一个单元有两户甚至三户共同居住。

　　这种房屋一般产权属于单位或者房管局，住户无法买断房屋，只享有居住权。由于房屋年代久远，损坏严重，居住条件较差。由于居住面积过小，少数居民自己在屋前搭建了厕所和厨房，如图11-6 所示。

团结户的单间　　　团结户的共用厕所　　团结户搭建厕所和厨房

图 11-6　团结户居住现状

(3)"红房子"住区的地域经济性损耗

新中国成立之初的城市郊区工业选址多已发展转变为城市中心城区。调查发现,武汉市青山区"红房子"住区大多地理位置优越,临近主干道,交通方便,便于居民出行。住区周围配套设施齐全,住区附近一般都有医院、幼儿园、小学、中学、市场、超市等配套设施,较低的生活成本对中低收入居民产生了巨大的吸引力。

而优越的地理区位是"红房子"住区一个优势,也是挑战。城市的发展在不断地"入侵"这些相对稳定的老住区和老房子,周边现代化的高楼大厦、商业店铺和现代住区拔地而起,老工业住区却遭遇了地域比较经济的矛盾:住区土地价值极大升值引得开发商蠢蠢欲动,而破旧的住区建筑本身相对现代住区建筑产生严重的经济性损耗,与快速的城市化进程格格不入。由于城市经济结构调整驱动住区土地价值突变,形成了住区更新和变迁过程中人地冲突对立,加之地域经济性损耗,促使"红房子"等老工业住区成为建筑中的弱势群体(图11-7)。

图11-7 老旧的"红房子"住区建筑与现代住区的鲜明对比

11.3 武汉老工业住区居民结构变迁与社会衰退

城市老工业住区的衰退不仅体现为住宅的物质性老化和提前拆除，住区内在损耗更为严重。伴随而来的是住区居民贫富差距迅速扩大，原有住区社会资本严重流失，社会分化与组织结构离析现象日趋凸显。土地价值的突变引起的不当建设活动引发了一系列重大的群体冲突事件，增添了社会不安定因素，极大影响了城市建设的可持续。

11.3.1 居民经济结构驱动居住空间分异

从城市社会学角度看，由于购买力的不同，各收入阶层对住宅的选择与需求呈现出一定的差异。高收入阶层可以支付品质较好的住宅，因此对住宅品质及周边社会生态环境有着较高的要求；较高收入阶层和较低收入阶层具有一定的购买能力，则选择区位交通较好且居住环境具有一定优势的住房；而对于低收入和贫困阶层，生存需求最为重要，价位较低或居住成本较低的居住环境成为其首选项，而对人居环境的要求变得触不可及，这就造成"红房子"住区居住空间分异的主因。

武汉青山"红房子"住区，以中老年为主，大多是退休职工。在专项调查中，超过一半家庭人均月收入不足千元，65%的家庭人均住房面积不足 20 平方米，其中相当部分居民人均不到 10 平方米，而武汉中心城区最低工资标准为 1100 元/月，2012 年武汉人均住房建筑面积已达到 32.71 平方米。低收入居民无法承担住房改善性需求的花费而不得不选择继续留在居住成本低廉的"红房子"中，而经济宽裕家庭已逐渐搬至较为现代的优质住区，因而，家庭经济结构驱使"红房子"片区居住空间分异问题愈加激烈，"红房子"住区已渐渐沦落为贫民区，社区治安事件时有发生。

11.3.2 居民社会资本决定更新改造成本

社会网络、互惠性规范及由此产生的信任，是人们在社会结构

167

中所处的位置给他们带来的资源。多数观点认为，社会资本即社会网络关系，个人的网络关系越多，则个人的社会资本量越大；同时它是个人所建立的社会网络，个人在网络中的位置，最终表现为借此所能动员和使用的网络中的嵌入资源。居民社会资本的流失在"红房子"住区显得尤为明显并日渐突出。

武汉市青山"红房子"住区居民居住时间普遍较长，超过四成的居民居住时间达 30 年以上，住区人口流动性不大，居住状态保持相对稳定，而这种"稳定"状态正是居民原有社会资本发生隐性扩散的表象，表现其社会网络趋于消退。住区居民社会网络的萎缩使得居民获得信息能力和人情桥梁减少，占有的社会资源在城市竞争中逐渐处于劣势。在居民对未来居住地想法的调查中，超过七成居民愿意长期居住在"红房子"住区，如有住区改造和更新也都希望能够在原地还建，只有少部分居民考虑愿意搬迁至工作地附近、其他城市中心、搬回户籍所在地或者搬迁至亲属家(子女或父母)，处于社会网络底层的居民，面对住区更新和变迁的选择机会极为有限，这使得住区更新活动的经济和社会成本增大。

11.3.3　居民非货币财富影响居住幸福感

越来越多的研究表明，居民收入的公平、住区社会安定和生活机会丰富等非货币财富对居民居住幸福感的影响远大于居民收入的提高。在机会不平等的社会里，个人付出的努力和获得的回报呈弱相关，导致收入流动性降低，容易形成"贫者恒贫，富者恒富"的代际传递，收入流动性的降低使得收入阶层的分化趋于稳定，这使得收入差距难以通过改变居民收入预期而影响其幸福感，最终表现为收入不平等的扩大降低了居民幸福感。

武汉市青山"红房子"区域长期基本公共品配置不足，是导致区域机会不平等的重要原因。以公共教育、基本养老等为代表的基本公共服务和道路、环保、市政等为代表的基本公共设施共同驱使城市公共品配置的缺失或其在区域和行业发展中分配不平衡，这些因素很大程度上影响了以"红房子"为代表的老工业住区普遍意义上的社会机会均等。这些缺少使得"红房子"住区居民似乎存在着充满矛盾的自卑感，他们希望改变现状，但无能为力；向往现代生活，却又不舍搬离住区。

11.4　工业住区的保护与更新途径

11.4.1　老工业住区单体建筑的保护与更新

城区街坊内的大多数"红房子"都经历了岁月风霜，有的建筑已变得"面目全非"，在缺乏建筑单体保护认定的前提下，很容易使人认为已经毫无保留价值，被轻易地宣布其"死亡"，但是这些遗存建筑所具有的历史信息具有不可再生性，一旦毁灭就永不存在。逼真的模仿只能损害历史街区原生文化的纯粹性，使人们对街区历史渊源和真实性产生质疑。

因此，对"红房子"住区中重要历史文化价值和典型意义的建筑院落，遵循修旧如旧和原真性保护的原则。维持保护街坊内的空间结构肌理，包括道路空间结构、院落空间组合以及屋顶的组合形式等，恢复其真实结构关系；剔除后加附建的部分，修复或重建已经被拆除的建筑，整合、理清不完整的院落空间，尽量恢复平面与空间的历史形态，还原其内外的环境氛围和原有空间肌理。片区中武汉市青山区一冶职工幼儿园原为青山区"红房子"老住区建筑，将原有围合式的中部空间布置幼儿游乐设施，建筑外部保留红色清水墙面和坡屋顶，内部则进行结构加固并添加照明和空调系统，历史建筑发挥了现代使用功能。如图11-8所示。

11.4.2　老工业住区整体风貌的保护与更新

武汉市青山区的特色街坊和优秀历史建筑的整体风貌保护利用，应以反映城市发展和人居环境变迁，突出城区中心以及以交通要道为主轴线而逐渐演变的进程。从视野上形成以主要街道为历史建筑保护利用的景观主轴线，突出其在城市工业建设史和建设史上不仅发挥着城区的主动脉功能，还承载着展示青山历史纹脉、时代风貌和未来发展的主轴线作用。"红房子"建筑立面的特征保留和

169

图 11-8　武汉市青山区一冶职工幼儿园

青山区城市历史纹脉的彰显都应以此轴线为景观主干线，同时对临街新建建筑的立面风格进行统一控制协调。

　　武汉特色街坊中的平凡"红房子"个体建筑升华为有重要历史纹脉保存价值的整体历史街区，意义就在于它们的统一性、整体性和规模性，这样才能构成一种特色环境气氛，使人们品味出历史环境的韵味，感悟青山区的历史纹脉所系。

11.4.3　老工业区的城区发展和经济振兴

　　老工业区中的传统工业和落后产能企业可选择"退城近郊"，对于第三代及以后的"红房子"住区，根据其历史、建筑、使用和环境价值，有选择地进行风貌保护、局部保留和拆除改造，这也为第三产业腾出土地发展空间。从整个城区老工业区的发展和振兴角度，应更注重老工业地段的未来，保护规划的重点转向城区土地可持续利用、交通系统通达性及社会结构相关联的协调保护和振兴。配合城市经济新一轮的转型，城市化进程和城市产业结构的升级将促使多数城市老工业区形成了"退二进三"调整态势。

　　同时，在老工业区的历史街区中进行"城市历史"与"遗产资源"为主题的旅游休闲业开发已成为城区经济和社会发展的热门领域，并将逐渐形成市民休闲活动的主要场所。通过整合青山区丰富的特色街坊和历史建筑文化资源，打造"红房子"历史休闲街、工业博物馆以及通过功能置换，实现酒店和餐饮业的市场化经营模式，实现历史建筑的良性保护和最佳利用。

11.5　结　　语

武汉市青山特色街区和"红房子"建筑特色风貌，综合反映了20世纪中华人民共和国成立初期重要时期的城市发展历史脉络，具有很高的历史延存价值和现时利用价值，是人们了解新中国钢铁工业发展历史的"真实窗口"和体验青山城区历史的"鲜活标本"。2012年7月，武汉市正式确定青山"红房子"住区为武汉第16大历史文化风貌街区，作为独特的工业文化遗产，"红房子"将翻开新的历史篇章。

12　快速城市化地区住区发展与更新机理

　　快速城市化地区是我国城市经济、文化、物质生活资源相对集中和水平较高的区域，空间结构和形态种类上同时具备城镇与农村的特点。快速城市化地区是我国高速城市化下的产物，具有城市区位和经济社会的多重特性，对此地区的住区发展与更新模式的研究将有利于揭示城市住区的起步、发展与演替机理。

　　城市开发区是我国最典型的快速城市化地区的代表，它不仅具有普通城市郊区的区位特性，同时，还具备经济和生产发展驱动的城市化发展的二元特征。作为一项政策驱动的发展战略举措，我国开发区的实践已经存在多年，主要分为高新技术产业开发区（简称"高新区"）和经济技术开发区（简称"经济开发区"）。高新区建设借鉴了国外的科学园区经验，以推动高新技术成果商品化、产业化和国际化为目的，而经济技术开发区的建设借鉴了国外出口加工区的经验，通过基础设施、政策和环境的营造，引进外商投资并形成企业群体，引入先进的技术和经营管理方式，通过开发区的发展来推动科技进步，带动所在地区的经济增长。

　　在经济快速发展的背景下，开发区不仅成为区域经济发展的催化器、高新技术产业的孵化器和城市化进程的加速器，也成为当代中国卓有成效而又极富特色的城市化载体，促进了城市经济社会的快速发展。作为城市新兴增长极，开发区住区发展的特点与其它城区不尽相同，既要满足城市总体规划对开发区居住功能的要求，其发展又要以本身的产业定位和发展规划为依托，满足开发区居民对住房的需求。相比经济产业的快速增长，我国开发区普遍存在住区发展相对滞后，导致了住房业发展结构不合理、功能定位不明确以

172

及职住分离等问题，严重影响了城市功能的完善和开发区经济社会的可持续发展。本书以城市经济开发区住区发展为研究对象，从区内产业成长周期、产业发展特征和趋势及其与住区发展互动等方面，探讨我国经济开发区住区发展机理和脉络。

12.1　产业成长周期与住房产业地位变迁

从城市经济开发区的发展历程来看，其产业成长过程中与母城的关系在不断演进，一般会经历依赖母城的起步期、与母城互动的成长期以及功能和空间整合的成熟期。我国多数经济开发区在建设起步阶段都依托母城，选址在母城边缘，需要母城输入基础设施建设资金、人员、技术等来帮助产业的起步。在一段持续增长时期后，经济开发区逐渐从工业园区向多功能复合新城转化，发展层次上呈现"位势梯度"，通过溢出和辐射效应带动母城产业升级与空间重组，与母城显现互动局面。经历了成长期的高速发展，开发区无论是功能、规模还是内部空间组织形式都趋于一般意义上的城市化地区，原来处于边缘区位置的经济开发区往往很快与中心城区连成一片，成为主城的"辅城"或"双子城"，并反哺母城，其产业发展与母城往往存在空间上整合和功能上互补的特征(图12-1)。

经济开发区产业的成长和城市地位的转变很大程度上决定了其住房产业经济地位的变迁。建立之初，由于地缘与基础设施因素，区内缺少住房产业发展的需求人群，只是由于筹建过程中的征地需要，形成了若干以迁村并点形式的还建房小区。小区内住房以低楼层、低容积率和小户型的拆迁还建房为主，其居民主要是原住民，因而几无住房产业可言。成长期中，基础设施的日臻完善和区内产业发展逐渐形成规模，特别是以制造业为代表的第二产业发展，使得区内企业吸纳了更多外来工作者，其中主要是住房需求旺盛的中青年群体，住房需求发生阶跃式增加，使发展住房产业成为保证开发区经济持续增长迫在眉睫的工作。

而由于建设土地供应滞后和住房开发周期性特点，导致了住房供应与需求的阶段性矛盾。为缓解这一矛盾，区内形成了企业职工

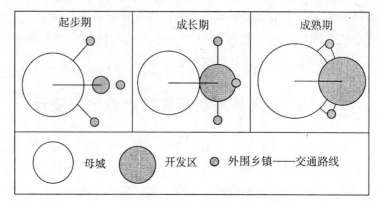

| 起步期 | 成长期 | 成熟期 |

○ 母城　　● 开发区　　● 外围乡镇——交通路线

图 12-1　开发区与母城发展演进示意图

宿舍和商品房开发互补的住房业发展态势。其中，企业自建的职工宿舍满足了部分蓝领工人的住房需求，而多数企业白领则选择住房产业发展更加成熟的母城或相邻城区为居住地，这也催生了这一时期我国经济开发区普遍存在的职住分离现象的发生。产业发展成熟的开发区，第三产业较为发达，开发商的开发理念和水平在不断提高，住房业开始注重项目的总体规划、景观、园林、配套和物业管理，在整体上关注打造自己的社区主题与社区文化等，基础设施完善而环境优美，使得住房业与其它第三产业一起真正成为经济开发区产业发展的重要组成部分。

12.2　产业发展特征与住房市场需求演替

由于我国经济开发区政策的设计本身是基于传统经济理论的，在导向上着重鼓励要素驱动型的经济增长，即以土地、劳动和资本作为主要生产要素，认为经济服从于成本递增、收益递减规律。显然，经济开发区政策本身就已预设了土地、劳动和资本作为开发区经济增长的主导要素。可以说经济开发区的发展史就是其产业发展与升级的历史。住房作为一种商品，在本质意义上遵循商品基本的供需规律，而要素驱动的产业发展，特别是劳动力因素极大地刺激了住房的需求。因此，源于产业发展的住房需求者的变化是经济开发区住房发展的导向性因素（图 12-2）。

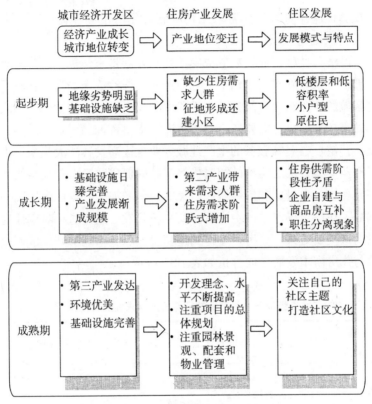

图 12-2　开发区成长周期与住区发展变迁影响

组建初期的经济开发区，农民是区内住房的主要需求者，他们不仅数量相对稳定，且需求结构单一，对住房的需求有限。即使在起步期大量征地工作中催生了一批还建房和自建房，其区域基础设施相对落后和建设标准不高，难以达到现代住区的标准，无法形成有效住房市场。经历了成长期的开发区，工业成为经济开发区的支柱产业且发展势头迅猛。工业企业数量的迅速增加和规模扩张带来了产业工人与中高层管理者，他们成为住房需求的绝对主力。长期以 GDP 挂帅的开发区并未完全准备好大规模的住区规划与开发，为缓解住房的巨大需求，企业自建房和住区开发成为这一时期住房的主要建设方式，住房市场初步形成，但由于配套设施条件和房屋需求结构限制，住房市场和住区开发水平相对其他城区较低。

经济开发区产业发展的成熟给住房发展带来契机。经过多年的发展，在工业发展的带动下，区内产业多样性逐渐加强，在更高层次区域的产业结构升级调整和转移中实现自身的结构优化，加之完善城市功能的自身需要，一批为生产者提供咨询、规划、采购、物流、营销、会展等服务的生产性服务业也逐渐发展壮大起来，丰富了产业类型，加之房价的相对优势，共同促成购房者组成结构逐渐多元化，来自母城和周边城区居民的比例增加，并与区内居民一起构成了住房市场需求的主力军。商品房开发已成为这一时期住房建设的最主要方式，住房产业得到蓬勃发展。城市经济开发区产业定位与住房需求发展导向分析如表 12-1 所示。

表 12-1　城市经济开发区产业特征与住房需求发展导向分析

产业发展期	主导产业	住房需求者	需求者特征	住房建设方式	住房发展条件
起步期	农业	农民为主	需求单一且数量稳定	自建房、还建房	基础设施落后、建房标准低
成长期	工业	蓝领产业工人与白领中层管理者	数量增加快但需求层次不同	企业自建与商品房开发	基础设施逐步完善
成熟期	工业与第三产业	产业工人、企业管理者、第三产业者、相关城区市民	第三产业者与其他城区市民比重增加	商品房开发	设施完善，区域环境优良，房价相对优势

12.3 产业聚集趋势与住区空间布局互动

经济开发区担负着改善区域经济结构和提升区域竞争力的使命，一方面须尽力将政策、市场、技术、资本和先进基础设施等要素配置整合一体，营造出有利于经济成长的"栖息地"；另一方面则须围绕目标产业方向，对区内经济活动的性质、类型、等级、档次等进行"过滤筛选"。目标产业及相关资源在其作用之下形成空间上的聚集趋势，在聚集效益、供需平衡等经济学规律支配下，与目标产业内在关联、互补或竞争性经济活动也会自发地在空间上趋于集结成群，从而形成区内经济活动的"过滤筛选"和"聚类组合"效应。

经济开发区产业的空间聚集趋势对产业发展本身的影响是多方面的，在产业结构上，它使得其与周边区域的产业联系开始增强，带动周边产业的发展及结构的升级；在劳动力结构上，使其在产业规模扩张和结构完善化过程中产生出对生产性服务业和消费性服务业的内在需求，刺激开发区开始从二产业为主向二、三产业并行发展，给当地产生的就业机会开始增多；而在空间结构上，使其产业与人口不断聚集，从而引发区内人口与资源流动，相应产生社会活动与经济活动等，通过溢出和辐射效应，以点-轴增长或网络增长等模式带动更大区域的整体发展。

这种由产业聚集在产业结构、劳动力结构和空间结构上的变化极大地驱动了区内住区空间布局的发展和演变。最开始的开发区，居住空间形式以较原始的村落和分散聚居的住区为特征。随着工业产业的发展和先进基础设施的完善，为了达到成本效益最优，产业的布局遵循沿主要道路布置的特点。产业发展刺激就业并带来住房需求，其空间上的聚集驱动经济开发区区域层面上功能的紧凑组织，促使住区的形成和建造适应街道网络的规律，以便将产业聚集区和居住区连接起来，从而在住区层面上构成了混合多种类型、密度和价格的住房发展机理。随后的产业升级和第三产业的并行发展，促成区内功能园区的进一步划分和商业中心的形成，住房发展

177

呈现在原有功能单一的工业区和生活区范围内的功能混合的组团式布局模式，逐步形成若干有明确主导功能、特色鲜明又能够兼备完善配套环境、多元化功能和相对独立的混合组团，结合方格网状的道路交通体系，共同构成一种灵活、高效、多元、兼容的产业与住区发展互动的形态格局。

12.4 案例研究：以武汉经济技术开发区为例

武汉经济技术开发区的成长过程代表了我国经济开发区从弱到强的发展历程，其住区形成与发展政策的经验与教训为其他开发区住房政策的制定提供了参考。武汉经济技术开发区始建于 1991 年，1993 年 4 月经国务院批准设立，管理范围 192.7 平方公里。截至2009 年底，武汉经济技术开发区年度工业总产值突破 1000 亿元，成为武汉市经济发展的又一增长极。从依托以农业生产为主，到成为工业产值突破千亿元的中部地区重要国家级开发区，武汉经济技术开发区从起步到成熟用了近 20 年时间。随着经济开发区在武汉市整体城市功能地位的变化，其住房产业无论从质和量上都成为武汉市住房产业发展的重要组成板块。武汉市经济技术开发区地理区位与城市定位如图 12-3 和图 12-4 所示。

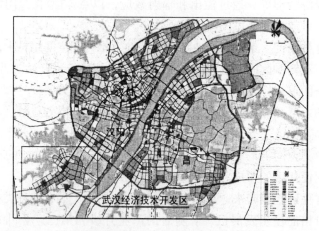

图 12-3　武汉市经济技术开发区地理区位

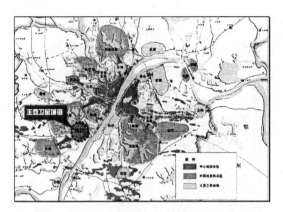

图 12-4　武汉市城市总体规划对开发区的定位

　　武汉经济技术开发区在产业发展上主线特色较为鲜明。以东风汽车公司与法国雪铁龙公司合资的年产 30 万辆轿车项目为龙头，形成了以汽车及汽车零部件产业为主，食品饮料、机械、电子、信息、医药、生物工程等多元化的产业发展格局。依托制造业和机械电子等高技术产业的进一步发展，区内居民结构发生了极大的变化，区内人口 26 万，受教育人群结构主要以受高中（含中专）教育的蓝领技术工人和大学（含大专）教育的企业管理人员为主，年龄结构中 15 ~ 50 岁中青年占总人口比例的一半以上，住房市场需求强劲，同时住房需求价格层次和类型特点较为明显。目前，武汉经济技术开发区在建和在售的住房供应总量为 564.4 万平方米，在"武汉市房地产十一五规划"和"武汉经济技术开发区房地产发展规划（2008—2012）"中明确提出了"十一五"期间武汉经济技术开发区片区完成总规模 280 公顷，32 亿元的住房开发量。

　　武汉经济技术开发区产业主要沿区域性主干道东风大道、地区性主干道沌阳大道等以及武汉市中环线和京珠高速布置，开发区产业发展内部交通系统如图 12-5 所示。

　　产业发展的空间聚集趋势明显，驱使区内住房产业发展也呈沿主干道布置的规律，同时，经济开发区商业中心的形成，利用水体环绕等自然条件，逐渐发展形成了"中心+综合组团"的布局结构趋

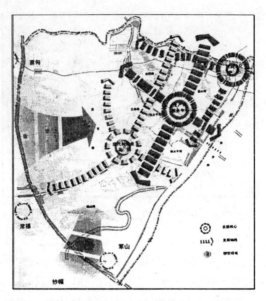

图 12-5　武汉开发区城市功能与居住组团布局

势，即以开发区的汽车产业基地、行政商务中心区和体育文化中心所形成的主导功能区为核心，以五个综合组团向周边展开，各组团功能相对完善，各组团和主导中心区之间以绿化带或生态走廊隔离。武汉经济技术开发区城市功能与居住组团布局如图 12-6 所示。

　　综上所述，武汉经济技术开发区产业发展正处于成长期与成熟期的过渡时段，经济增长良好态势为开发区住区发展提供了较好的经济环境和基础条件。商业中心的发展和第三产业的提速，产业结构比例趋于合理，为住房业发展预留了充足空间。相对用地规模来说，开发区人口总量偏小，但人口结构合理，随着更多企业的入驻，未来预期增量较大，在这种人口总量跳跃式增长的趋势下，住房业须保持弹性发展并保持一定的预留量，以避免职住分离等问题的产生，而开发区住房需求主体决定了其住房产业正处于需求的快速上升时期。武汉经济技术开发区房地产业发展总体规划见图 12-7 所示。

180

图 12-6 武汉开发区产业发展的内部交通系统

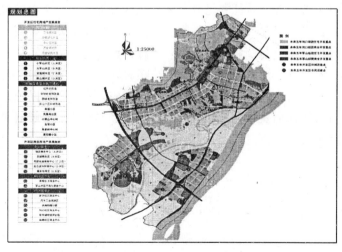

图 12-7 武汉经济技术开发区房地产业发展总体规划

12.5 小　结

　　我国经济开发区政策的设计本身是基于传统经济理论的要素驱动增长型模式，开发区住房发展必须以产业发展为导向，它和整个城市的功能定位与开发区本身变化息息相关。开发区产业结构的升级将给区内住房市场需求数量和结构带来巨大影响，由此决定了住房产业的发展须与区内主导产业的发展互动，以真实需求带动建设并通过合理规划适当预留住房业发展空间，其中产业成长期须特别关注产业工人和企业管理者的住房需求，以克服职住分离等问题。同时，随着区内产业的空间聚集和集约化发展，也将促进区内住房产业的组团式发展布局。城市发展带动下的住区空间增长与形态演变只是开发区发展的外在表象，其内在的根本性动力归根结底来自开发区产业活动的集聚与增长，因此，经济开发区住房业的发展要与其产业发展相辅相成，住房业的可持续发展不仅是产业持续增长的保证，同时也是完善城市功能的必然结果。

　　城市开发区是我国最典型的快速城市化地区的代表，其产业成长周期、产业发展特征和趋势及其与住区发展互动等方面对快速城市化地区住区的发展机理和脉络产生巨大影响。开发区区域内住房产业的地位变迁与产业周期相一致，都存在着起步、成长和成熟的阶段；开发区住房市场的需求演替，随着区内产业的发展不断发生变化；住区在空间布局上，随着产业布局的聚集，会从以较原始的村落和分散聚居发展到功能混合的组团式布局模式。本章以武汉经济技术开发区为例进行了案例研究。

13 城市文化驱动住区更新模式比较研究

文化作为城市的独特资源，是城市发展的重要财富，在城市与住区开发与更新中，应充分挖掘城市内涵和片区文化特色，合理选择更新开发模式，采用保护与开发相统一的策略，可以为城市住区更新提供更富有活力和价值的效益。

13.1 城市文化的认知与理解

城市的独特魅力是千百年来延续传承的历史沉淀，城市自产生之日起，文化已经蕴涵其中，城市文化是一个城市的灵魂所在。缺乏文化内涵的城市，将因缺少文化的积淀与张扬而失去特色，在后续发展上缺乏动力，从而失去带动区域经济发展的地位，鉴于其重要作用，城市文化对城市建设与住区发展的影响已经成为学界关注的焦点。

由于城市文化内涵和外延的丰富性，众多研究城市文化的文献都未对其作出明确的定义。虽然如此，但是在讨论城市文化时，一般涉及三个方面：文化遗产、文化实践和文化表述。文化遗产（cultural heritage），指历史城区和城镇的风貌与建筑、郊区花园城市和社区、当代建筑。文化实践（cultural practice），指发生在城区、社区、组织和民主生活中的一系列活动，包括居住在城市中每个人的生活、工作、学习、消费模式、家庭传统、公共生活参与等。文化表述（cultural expression），包括个体形式和社会形式，如艺术、音乐、戏曲、电影、设计、手工艺，同样包括节日和运动。多样化的文化表述不仅包括了文化生产和消费，也包括高雅文化和大众文化。

更多人认识到"城市文化不仅是城市联系社会公正和经济增长能力的挑战，更可以作为经济增长的推进剂，成为城市寻求竞争地位的新正统观念"。于是，城市文化的导向战略逐渐在城市建设中发挥更重要的作用，尤其是涉及面广而投资巨大的城市住区更新项目。

13.2　城市文化导向的住区更新特点

单纯从营销的视角来看，城市文化导向的住区更新是开发企业对其采用的一种定位策略，而从其深层次内涵来看，它具有以下特点：

①项目定位表现出鲜明的地域性文化特质。当被赋予文化的灵魂时，其与城市文化间的互动关系将被充分发掘，并通过对项目的物质实体的创造来表达对城市文化的理解、传承与突破，使其具有鲜明的地域文化特色和艺术气质，注重于当地原创的都市文化的感染力。

②项目运营表现出以多种文化行动为载体。城市文化导向的商业地产项目在运营阶段，通过文化活动，持续不断地创造文化故事和事件，使其不只是一种单纯的工程项目，更成为城市文化行动和标志的体现。城市文化依托于开发项目的经济基础和表现空间，有效展示城市的智慧和思想，显示出城市文化作为项目价值提升的经营潜能，成为项目更加重要的一种资本。

③开发企业表现出深层次文化竞争战略需求。城市文化导向的商业地产项目本身的品质和性能价格比已成为一种必然的素质，这已不再是竞争中最重要的比较优势。希望获得真正成功和持续成长的企业更多地关心项目本身所秉持的价值，关注他们服务的消费者所重视的价值，借助城市文化的力量创造价值和附加值，并广泛地让顾客、住户和城市共同享用。

13.3　建筑文化的保护开发模式

作为城市文化中文化遗产、文化实践和文化表述的典型代表，城市建筑文化、地脉文化和现代文化与商业地产产品相互融合，成功借助城市文化提升了开发项目的价值。

　　建筑是在一定地方与乡土上为人们生活需求所组织的人为空间，它是城市文化遗产的重要组成部分，是城市文化的载体，也是记载城市发展的史书。快速城市化过程中，城市传统建筑的去留长期困扰中国城市发展与更新。在很长一段时间里，城市更新项目保持着大拆大建的模式。随着城市发展由追求速度的粗放型向追求质量的可持续型转变，城市管理者和开发企业都逐渐意识到，建筑是城市的片段，只有当开发项目真正融入整个城市建筑文化中才能取得成功。

　　上海新天地城市更新项目是将城市建筑文化与商业地产产品融合开发的成功案例。新天地项目（图13-1、图13-2）位于上海卢湾

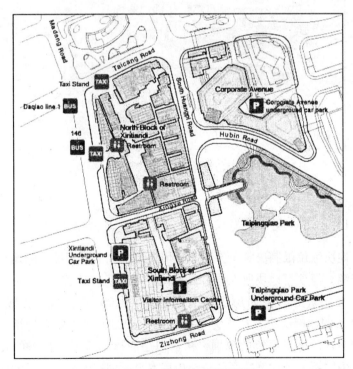

图13-1　上海新天地项目规划

区东北角的太平桥地区，区内有国家重点保护单位"中共一大会址"和许多建于20世纪初典型的上海石库门里弄建筑，历史文化内涵丰富。开发商并没有全拆全建，而是巧妙而有选择地保留原有古建筑——石库门，并按照"修旧如旧"的原则，对其修缮、整理并赋予现代元素。开发商在选择保留代表性古建筑群与文化生活原貌的前提下，从文化角度切入项目开发，挖掘、传承与创新城市文化内涵，通过成功的商业运营，达到提升城市价值与项目底蕴的目的。虽前期项目投资巨大，但由此带动后期商业项目开发，获得超值的项目溢价能力。至今，上海新天地已成为上海重要标志性高档休闲街区。

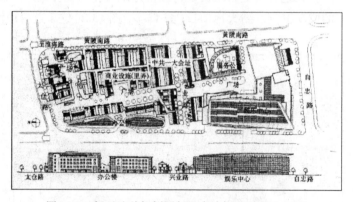

图13-2　新天地总规划图与马当路侧(西侧)立面图

13.3.1　城市地脉文化的借鉴开发模式

地块区位限制决定了并不是任何项目都拥有得天独厚的建筑文化资源，但项目地块所在城市，不管历史长短，都存在自己独特的地脉文化资源。例如历史悠久的西安，3100年的都市发展史，1200年的建都历史，被称为中国古代社会的天然历史博物馆；相比较而言，历史短暂的深圳，从贫穷小渔村到国际大都市的几十年，中国第一个经济特区的奋斗历程本身就创造着属于自己的地脉文化。因此，当实力雄厚的开发项目面临地理区位、建筑文化资源

186

和顾客群体等不利因素时，巧妙"借用"城市地脉文化资源可取得意想不到的开发效果。

　　广东省潮州牌坊街项目是巧借城市地脉文化的成功案例（图13-3）。开发项目位于市区旧城区，是潮州市城市更新项目的一部分。开发地段地处旧城区的住区与商业街的混合地段，由于年久失修，旧城的衰退对地段影响巨大，建筑损耗较大，周边居民多以旧城区的老年人为主，项目缺乏建设资金、项目配套和生态环境，在顾客群体吸引力方面并无优势。项目所在地潮州位于粤东，经济发展处于全省平均水平，却拥有丰富的地脉文化资源，是潮汕文化重要发源地，拥有国家优秀旅游城市、国家园林城市、著名侨乡、中国瓷都、中国晚纱礼服名城、中国民族民间艺术之乡、潮州菜之乡等众多称号。牌坊街建设中克服地段和经济发展水平的劣势，充分利用潮州独特的地脉文化资源，以打造"千年广济桥，百年牌坊街"为核心，建设潮州特色产业展示基地，传统潮戏剧院改扩建项目，传统美食街与工夫茶馆开发等，结合居住区的特点，开发家庭客栈保护利用项目以及民众乐园的民商置换项目，项目在经济和文化效益上取得了极大的成功。

更新改造中的牌坊街

更新改造后的牌坊街

图13-3　广东省潮州牌坊街项目更新前后对比实景

13.3.2 城市现代文化的创新开发模式

进入21世纪，我国城市经济结构发生了巨大变化，世界文化产业的兴起促使我国政府和民间都意识到文化产业对城市经济发展和结构调整的重要性。发展文化产业逐渐成为城市发展潮流，这也为城市现代文化与住区更新项目相结合提供了契机，形成了所谓现代文化地产。与其他附加值概念地产不同的是，现代文化地产不仅是包含现代文化元素的地产产品，更是一种新的经营理念和产业范式。它是在整个产业链的各个环节投入大量创意因素的商业地产开发模式，是多元文化理念与整个房地产的有机互动。

图 13-4　北京 798 文化创意产业开发实景
——老旧工业厂房与住宅改造为工作室和酒吧

北京 798 艺术区是城市多元现代文化与地产结合的成功案例（图 13-4、图 13-5）。798 的前身是国有大型军工企业，兴建于新中国"一五"期间，衰落于 20 世纪 80 年代末，企业调整和资产重组产生了部分闲置厂房。为使其得到充分利用，开发企业将厂房陆续出租，思路是把这种空间结构十分开放的厂房作为艺术家的工作室。经由当代艺术、建筑空间、文化产业与历史文脉及城市生活环境的有机结合，798 已经演化为一个城市文化地产的概念，对各类专业人士及普通大众产生了强烈的吸引力，形成了比较完整的产业链，汇集了画廊、设计室、艺术展示空间、艺术家工作室、时尚店铺、餐饮酒吧等众多产业，已成为中国文化艺术的展览、展示中心，成为国内外具有影响力的文化创意产业集聚区。现今 798 已经引起了国内外媒体和大众的广泛关注，并已成为了北京城市文化的新地标。

图 13-5　北京 798 文化创意产业开发实景
——老旧工业厂房与住宅改造为艺术工作室

图 13-6　老旧工业厂房与住宅改造为青年旅馆

13.3.3　多种典型模式的比较分析研究

三种典型的城市文化导向的商业地产开发模式，体现了房地产产品与不同城市文化资源的有机结合。

城市建筑文化的保护开发模式多集中于城市的旧城更新项目中，开发区域内存在较多重要的文化单位。开发项目结构形式力图与原有建筑有机结合，在有限的格局中达到保护和开发的统一，以突出既有建筑的文化功能和价值体现；城市地脉文化借鉴开发模式，多用于文化基础较好而地缘优势不明显的项目，同时项目所在地拥有较为丰富的地脉文化资源，可通过借鉴方式将城市地脉文化资源转化为房地产产品的文化价值与卖点,但同一地脉文化卖点不宜多次使用;城市现代文化创新开发模式则需要以历史建筑或较大的开敞空间为载体,将其与城市文化产业发展脉络相结合,优于引导,善于培育,不以一次性交易行为为目标而寻求长期的产品增值。基于城市文化导向的商业地产典型开发模式比较分析如表13-1所示。

表 13-1   基于城市文化导向的商业地产典型开发模式比较分析

类型	代表案例	起始时间	背景		风险与局限
			适用条件	项目特点	
城市建筑文化保护开发	上海新天地	1996 年	具有建筑文化资源的城市更新项目	房地产项目与原有建筑有机结合,力求保护和开发统一	城市地域性限制,投入巨大,开发周期较长
城市地脉文化借鉴开发	潮州牌坊街商业街	2006 年	文化基础较好的大型商居性项目	通过借鉴转化城市地脉文化资源为产品文化价值与卖点	要求地脉文化资源品质,不宜重复性使用
城市现代文化创新开发	北京 798 创意工厂	2001 年	有较好建筑文化资源的文化产业项目	历史建筑为载体,结合文化产业,寻求长期产品增值	城市地域性限制,开发周期较长

13.4 小   结

应该明确,城市独特的历史建筑文化是城市发展的财富而非阻碍,在城市开发与更新项目中应充分挖掘城市内涵和片区文化特色,合理采用保护与开发相统一的策略。文化资源相对欠缺的开发项目,通过巧妙借用城市地脉文化,使住区更新项目集中体现城市地脉文化,使其本身成为城市地脉文化的组成部分;现代文化地产的开发，要善于将房地产产品与城市文化产业发展相结合，通过多元文化理念与商业地产开发的有机互动寻求长期的产品增值。城市文化导向的住区更新，实现了社会财富价值和城市区域价值的最大化，最终推动开发企业在住区更新中获得可持续经营能力和竞争力。

①城市更新的宏观政策强烈地影响着住区的发展、衰退与更新，城市更新政策应避免大拆大建的发展方式，同时开发应延续城市的传统风貌；应有计划地发展旅游产业与商业，同时注重缓解城市经济发展与环境保护的矛盾。

②快速城市化地区住房产业的地位变迁与产业周期相一致；住房市场的需求演替，随着区内产业的发展升级不断发生变化；住区在空间布局上，随着产业布局的聚集，较原始的村落和分散聚居发展为功能混合的组团式布局模式。

③城市旧城住区的衰退更新主要有新旧街区互动式整体开发、层次性综合保护再开发和旧城住区整体复制更新开发等三种典型模式，分别针对文化功能与价值突出而经济与其文化地位不相称的成片街区，大城市旧城中心文物保护建筑集中地区和旧城重建的改造方式改造的片区。

④在城市与住区开发与更新中，应充分挖掘城市内涵和片区文化特色，合理选择更新开发模式，采用保护与开发相统一的策略，可以为城市住区更新提供更富有活力和价值的效益。

第四部分　案　例　篇

14 武汉市住区调查范围界定及方案设计

14.1 调查依据和调查原则

14.1.1 调查依据

①《中华人民共和国文物保护法实施条例》(2003 年)

②《城市紫线管理办法》(2004 年)

③《历史文化名城名镇名村保护条例》(2008 年)

④《湖北省文物保护管理实施办法》(1993 年)

⑤《湖北省文化市场管理暂行条例》(2001 年)

⑥《湖北省文化厅关于公布省级非物质文化遗产名录申报推荐项目的通知》(2006 年)

⑦《武汉市文物保护实施办法》(1994 年)

⑧《武汉市人民政府关于加强文物工作的通知》(1999 年)

⑨《武汉市旧城风貌区和优秀历史建筑保护管理办法》(2003 年)

⑩《武汉市文物保护若干规定》(2007 年)

⑪《区人民政府关于加强武昌古城历史风貌街区优秀历史建筑保护管理工作的实施意见》(2010 年)

⑫武汉市住房保障和房屋管理局提供的《武汉市前四批已公布确认的在册优秀历史建筑一览表》

⑬其它相关文件

14.1.2　调查原则

(1) 全面性原则

调查范围和内容应全面。调查范围基本覆盖全部类型的城市住区，包括了武汉市公布的优秀历史建筑保护目录，武汉市工业建筑历史名录和主城区 20 世纪 80 年代规划建设的主要住区。调查内容包括住区的物质和社会结构现状。

(2) 真实性原则

实地调研应实事求是，根据实际情况，获得客观真实的第一手资料和情报，不弄虚作假。

(3) 专业性原则

实地调研前，应运用专业知识准备科学合理的材料，如调查表、问卷表等；调研过程中，也应选取合理的方式进行调查，以确保调研内容的专业性和可操作性。

(4) 实用性原则

调研资料和调研结果要具有实用性和可操作性，便于后期资料的整理和分析。

14.2　调研目的与意义

通过对武汉市内不同类型的典型住区的田野调研，考察大城市旧住区、工业住区和初期商品房住区的建筑形式与特征、居民结构与变迁、土地与环境演化特点。

建筑形式方面，考察武汉市开埠至今保存的老旧里弄的建筑与规划结构特点、建筑保留价值、可能的利用途径，考察武汉市典型工业住区保存现状、住区建筑价值和衰退原因，考察初期商品房住区建筑特色、规划建设、存在的问题。

196

人文价值方面，考察历史住区、现代住区和当代住区中居民的构成与特征，居民对住区及其生活的态度与诉求，居民迁移的路径变化与演替路径，以及弱势群体如何在不同社区里聚集与扩散。

生态环境方面，考察历史住区、现代住区和当代住区人居环境状况与变化趋势，区位对其生态环境的影响及居民对此的反应，在住区建设发展中居民对环境事件的态度及诉求途径。

社会组织方面，考察历史住区、现代住区和当代住区居民主要的社会联系方式，三种住区中居民家庭社会资本的发展变化与扩散途径，住区居民基层组织对其社会生活的影响机制与机理。

14.3　武汉市调查范围界定

此次研究主题是城市住区衰退与更新，研究社区对象主要集中在 2000 年之前。根据时间区间，将武汉市住区按照年代划分为三类：历史住区、现代住区和当代住区①。

历史住区（—1949）：在新中国成立之前即存在，具有历史与建筑价值的老旧住区，主要指位于汉口和武昌的老旧里弄住区，如如寿里、上海村、昙华林等。

现代住区（1949—1979）：在新中国成立之后建设，具有集体经济和单位统一建设特征的住区，主要指位于工矿企业的职工住区，如青山的"红房子"、武重职工楼等。

当代住区（1980—2000）：在改革开放，特别是房改后建设完成，具有较为明显的市场供求特征的住区，此类住区部分由企业职工集资筹建，部分由开发商开发或两者结合，建设形式多样，如武昌东亭小区、康居园小区等。

---

①　关于居住区年代的分类并没有一个特定和权威的标准和称谓，《世界建筑》1983 年第 3 期中曾借鉴社会史和建筑史年代划分将建筑划分为历史建筑、近代建筑和当代建筑，本书借鉴其称谓将住区按照特定年代划分为历史住区、现代住区和当代住区。

14.4　武汉市调查方案设定

14.4.1　调查小组安排

本次实地调研的方法主要包括：资料查询、实地踏勘、问卷调查、访谈询问等。通过进行全面系统的社会实地调研、专项访谈调研与国内外经验案例的调研，采取定性分析与定量分析相结合、实地调研和问卷调查相结合的方法，保证调研成果的真实性、针对性和有效性。

针对住区划分的三个类别，安排三个小组分别负责历史住区类、现代住区类、当代住区类进行实地调研。每个小组要求调研 8 个住区，完成问卷 200 份，并且描述典型住区住宅结构图和住区布置图。

14.4.2　武汉市社会调查目标设定

此次社会调查最终需要完成《武汉市城市住区发展研究报告》调研，包括：

①武汉市住区建筑基本信息调研，如住区名称、分布区域、建造年代、保护等级、结构形式、建筑面积、占地面积、产权情况、建筑色彩、建筑风貌、有无地下室、建筑完好程度、自然环境、基础设施、交通环境、商业设施、文化氛围、与周边环境协调性；

②武汉市住区居民基本信息调研，如居民属性(本外地)、年龄、家庭人口数、居住时间、家庭总收入、工作情况、工作单位性质、房屋来源、购买年份(户型、面积)、面积满足率；

③武汉市住区人居环境调研，如社区居住适宜度、建筑环境卫生、建筑采光、建筑内通风、垃圾箱数量、垃圾清运情况、污水排放情况、周边空气质量、景观绿化程度、社区景观缺陷、周边噪声来源、是否满意人居环境；

④武汉市住区社会情况调研，如公共活动空间、社区基础设施、低保(困难居民)覆盖程度、可能搬迁意愿；

⑤武汉市住区区域政策调研，如历史建筑保护、低收入人群补助政策等。

15 武汉市历史住区发展现状调查与评价分析

15.1 调查范围与路线设计

15.1.1 调查范围

根据武汉市城市发展特点和历史住区分布现状，武汉历史住区专题调查组的实态调查以汉口和武昌的老旧里弄住区为核心，主要包括江岸区和武昌区两个片区的 8 个历史住区。历史住区基本信息如表 15-1 所示。

表 15-1 历史住区样本点基本信息

序号	住区名称	地理位置	建造年代	背景	居民特点
1	上海村	江岸区江汉路58号	1920 年代	汉口开埠之后，中西方建筑风格融合的住宅建筑	多为退休职工，少数为打工者租住
2	江汉村	江岸区一元路片区	1936 年	最初由 9 个有钱人投资兴建，后与六也村合并	大部分居民为外来个体户租住和退休职工
3	洞庭村	江岸区洞庭村	1931 年和 1936 年	最先由联合公司投资兴建，后由胡、宋、蒋三家投资建造同福里，再由张、季	大部分居民为外来户、农民工、退休职工

199

序号	住区名称	地理位置	建造年代	背景	居民特点
				二姓投资建设洞庭街，1967 年二者合并成洞庭村	
4	兰陵村	江岸区兰陵路 66 号	1933 年	由汉昌济营造厂承建，建筑融入了西方风格	以退休职工居住和打工人员租住为主
5	同兴里	江岸区车站路与洞庭街交汇处	1932 年	原为大买办刘子敬私人花园，后徐、沪、刘三家在此建楼	以退休职工居住和打工人员租住为主
6	坤厚里	江岸区一元路 6 号	1937 年	1949 年前"和记洋行"正副买办合资建设居住房	以退休职工居住和打工人员租住为主
7	昌年里	江岸区中山大道与一元路相交处	1920 年代初	由比商义品洋行买办欧阳会昌、王伯年建房成里	退休中老年人居住为主
8	昙华林	武汉市武昌区花园山附近	1371 年，形成于明清	戈甲营出口以西的正卫街和游家巷并入统称为昙华林	退休居民和商业租户为主

　　对历史住区较为集中的汉口片进行重点选点调查，具体包括上海村、江汉村、洞庭村、兰陵村、同兴里、坤厚里、昌年里；对历史住区较为分散的武昌片采取更有针对性调查方案，主要包括昙华林住区。武汉市历史住区样本点调研分布图如图 15-1 所示。

　　本次实态调查组建了一个武汉历史住区专题调查组。调查分两个工作日完成，并根据天气变化进行了照片补充采集。本次实态调查采用表格形式从住区背景、建筑环境、建筑特征、建筑质

200

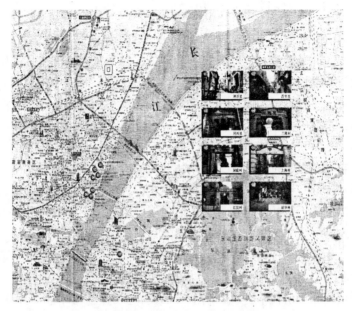

图 15-1　武汉市历史住区样本点调研分布图

量、建筑规模和居民情况等方面对历史住区的建筑基本信息进行
现场统计,并通过实地走访,共完成 8 份《武汉市历史住区发展
现状调查情况表》。发放并回收居民调查问卷 200 份,共得到
5383 个有效数据,获取了大量居民意愿和社会信息,为武汉市
历史住区现状调查提供了丰富的第一手资料。武汉历史住区调研
实况如图 15-2 所示。

图 15-2　武汉历史住区调研实况——汉口上海村

15.1.2 住区基本信息

本组共调研了 8 个较典型的历史住区，包括：上海村、江汉村、洞庭村、兰陵村、同兴里、坤厚里、昌年里和昙华林。各住区的建筑基本情况如下。

①上海村：上海村位于武汉市汉口江汉路，南面紧邻江汉路步行街，东面临鄱阳街，东南侧与江汉村毗邻，西面与中国工商银行相接。上海村始建于 1923 年，总平面布局属于主次巷行列式，一条主巷与江汉路垂直相接，三条相平行的次巷与主巷垂直。住宅平面形式较统一，主要是三间式及两间式，立面格调一致，较特殊的是靠江汉路一侧的临街房屋为街屋，一层对外为商铺，二、三、四层对内为住宅。屋顶除了邻江汉路的 9 栋是坡屋顶，其他均为平屋顶。南北端头两栋设有老虎窗。为防潮防水保温隔热，上海村第一层地面多半有低空层，且高于街巷路面，内部水电卫设施齐全。上海村是高等里份住宅建筑，属于市二级保护街区，武汉市人民政府 1993 年将其命名为"武汉市历史优秀建筑"。

②江汉村：江汉村始建于 1936 年，整体布局由主巷和两侧的里份住宅组成，其中主巷全长 170 米，宽 4 米。该住区规模较小，共有 26 栋房屋，大部分为三层住宅形式，也有部分两层住宅。江汉村是质量很好的高等新型住宅，细部装饰如房门雕花，金属栏杆等较好，内部装修也较好，设施完备，结构多为混合型。由于江汉村是多个开发商多个营造厂承建，因而建筑形式不一，呈现出每栋样式丰富多变的特色。江汉村属于武汉市一级保护街区，被政府评为"武汉市历史优秀建筑"。

③洞庭村：洞庭村建成于 1931 年，位于江岸区南京路东北侧，长 108 米，宽 4 米，属民国中期高级里份式住宅建筑群。洞庭村为主巷型里份，内部共有房屋 24 栋，均为 2～3 层甲等砖木住宅，红瓦屋面，红砖清水外墙，砖缝细密，装饰为水泥铁花栏杆与水刷石雕花门楣。各栋住宅之间的形式虽不相同，但风格上保持一致，细部装饰各有特色。洞庭村内部空间丰富宽敞，装修也十分精致考究，水电卫生设备一应俱全，属于近代汉口高档里份住宅之一。洞

庭村现已列为"武汉市优秀历史建筑"予以保护。

④兰陵村：兰陵村兴建于1933年。兰陵村地块为长方形，建设规模小，共有三层两开间式住宅4栋和街面三层楼房8栋。布局形态为周边式+行列式布局，有两个主入口，由两条主巷、一条次巷和一条支巷构成主要道路网。两条主巷和一条支巷平行，横向由次巷连接。城市街道与里份由两个坊门联系，进入坊门就到主巷，经过次巷和支巷后才能分别到达各住户门。兰陵村联排住宅单体为西式设计，房屋为砖木结构。室内铺设木板，楼梯多为木质。细部与装饰方面渗入大量的西方风格与手法。现在的兰陵村像武汉市其他里份一样，房屋整体老化严重，门窗朽坏，屋顶漏雨，下水道堵塞等诸多问题存在，住区居民都期待住宅环境的改善。

⑤同兴里：同兴里始建于1928年，是昔日法租界的所在。里份内有4条巷道，主巷道偏东西走向，东口通洞庭街，西口出胜利街，全长230米，宽4米，水泥路面，门牌1～13号。同兴里共有二层砖木结构住宅建筑25栋，多数建筑为石库门形式，排列整齐，居民稠密。外墙粉麻石，红瓦屋顶，第一层木地板下有架空层。住宅内部装修精致，有卫生设备。在历经百年风雨后的今天，同兴里已经走向整体老化时期，住房不成套、房屋质量严重老化破损和厨房厕所设施条件劣化等问题相当严重，生活基础设施均相当陈旧落后，远远不能满足当代居民的生活要求。1993年，同兴里被政府评为"武汉市历史优秀建筑"。

⑥坤厚里：坤厚里始建于1905年，位于汉口德租界，主要以居住为主，沿街为商铺。坤厚里属于典型的欧洲联排式格局，共有六条巷子，由一条东西向的主巷串联，再由与主巷垂直布置的南北向的"前巷"延伸到每户的前门，形成场地的主要交通体系。坤厚里内部住宅大部分为两层小楼联排布置，建筑密度非常大，巷道内部空间狭小，各种巷道形成的公共活动空间和单体住宅公共空间也较狭小，公共设施基本未能发挥作用。绿化极度缺乏，只有零星的几个不太茂密的树不均匀地分布在狭窄的巷道内，而其他的绿化都为居民自家栽种的盆栽。原先一家一户的住宅已被改造成多家一户，由于居住环境较差，年轻人多选择搬出该片区，常住人群中以

老年人和儿童最多。

⑦昌年里：昌年里位于汉口中山大道一元路口，是一条 1917 年建于法租界的老里弄，著名的肖公馆就在此里弄中。昌年里内有 9 条巷道，东口通胜利街，南口出中山大道，西口通海寿里，北口通永平里。主巷长 130 米，宽 5 米，水泥路面，不通汽车。门牌 1~26 号。昌年里建筑是二层或三层砖木结构，内空达 4 米左右。建筑样式参照中国传统木结构覆层民居。住宅局部装饰较为细致：石库门的门头装饰大多采用传统的花鸟虫鱼图案，通常在二层厢房木窗下及窗下的栏杆采用中国传统建筑花饰图案；住宅窗子安装成两层，内层玻璃窗，外层为木制百叶窗。目前，昌年里原有住房结构破坏非常严重，住房安全性较差，但整体建筑格局依然保留着。

⑧昙华林：昙华林位于老武昌的东北角，全长 1200m，是 1371 年武昌城扩建定型后逐渐形成的一条老街。昙华林街区的建筑形式多样，集古城文化、宗教文化、教育文化、街巷文化等众多历史文化特色于一体，有私立武汉中学旧址、瑞典教区旧址等文物保护单位和历史建筑共 40 余处。昙华林大部分民居建筑，由于经历了长时间风雨的侵蚀，建筑材料老化，同时没有较好的维护，因而残破不堪，部分建筑已经不能达到安全的要求。而且住区人口数超载，供电、水、暖系统等基础设施不完善。2005 年武汉市对昙华林一带进行了重新的保护和利用规划设计。将整个昙华林街区划分为核心保护、风貌协调区和建设控制区三个保护层次，制定保护措施和开发建设限制，并制定了街区规划道路网，昙华林的旧风貌得到了有效改善。

15.1.3 调查技术路线

本次实态调查和评价采取了以下技术路线：

①资料收集与理论构建。通过广泛收集各类历史文献和技术资料，专题组对汉口和武昌的人文、经济、社会、自然等因素进行了深入细致分析，结合历史住区建筑保护利用和旧城改造更新领域的长期丰富研究成果，构建了本报告的理论支撑。

②现场实态勘察和评估。通过现场勘察、入户访谈、专家咨

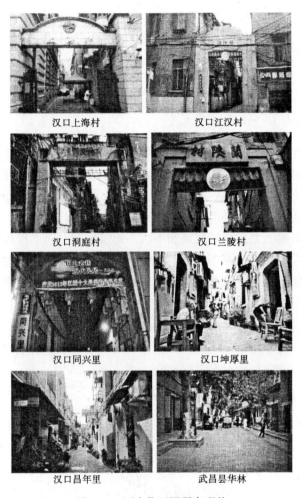

汉口上海村　　　　　　　汉口江汉村

汉口洞庭村　　　　　　　汉口兰陵村

汉口同兴里　　　　　　　汉口坤厚里

汉口昌年里　　　　　　　武昌昙华林

图15-3　历史住区调研点现状

询、现场测试等方式，从建筑环境、建筑特征、建筑质量、建筑规模、居民情况等多方面对武汉市历史住区及建筑进行了全面实地考查和分类评价，构建了本报告的评价平台。

　　③提出调查评价综合结论。采用逐点调查法，对各历史住区选点展开全面详细调查和论证。通过对各项成果综合分析，总结武汉市历史住区居民生活意愿，揭示武汉市历史住区发展趋势和变化动

态，为历史住区内的历史建筑保护利用提供依据。

15.2　建筑历史与价值评价

15.2.1　住区建筑价值

本次调研的历史住区多见于20世纪20、30年代，最老的建筑是昙华林社区，建成于明清时期。武汉历史住区多数属于"武汉市优秀历史建筑"，是武汉优秀历史及传统文化的见证。历史住区的建筑多为红砖清水外墙，砖缝细密，有水泥铁花栏杆和水刷石雕花门楣，且融入西方建筑风格和手法。建筑内部空间丰富宽敞，并呈现出样式丰富多变的特色，装修十分精致考究，水电卫生设备齐全，多属于该时期的高级里份建筑群。如图15-4、15-5所示。

图15-4　武汉江汉村历史住区街景（李杰绘）

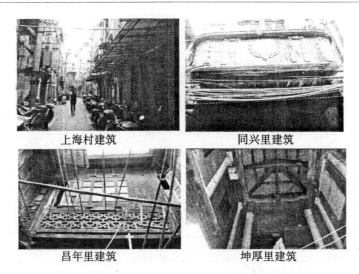

图 15-5 汉口典型历史建筑实景

15.2.2 住区居民认同

由受访者住房来源调研分析得出，历史住区房屋权属较为复杂，大多数居民通过租赁方式获得居住权利，比例达到 59.30%，究其原因是此次调研的历史住区样本点有相当部分被界定为"武汉市优秀历史建筑"，多数产权归武汉市房屋管理局及下属房屋管理所所有或武汉市部分单位所有，其通过以租养房的形式使历史建筑得到维护和保留；其次，有 21.51% 的居民在 20 世纪末的公有住房改革中，通过购置公房获得现有住房。其中，受访居民房屋通过继承或者单位分配方式获得现有住房，比例分别占到 12.21% 和 6.98%。居民房屋来源分析如图 15-6 所示。

随着历史街区和历史建筑保护项目的推进，居民对自己所居住住宅是否属于历史建筑基本都有较为清楚的认识。绝大多数的居民认为其住宅属于历史建筑，达到 81.96%，同时，在问卷调查中发现，绝大多数的居民对武汉市历史住区怀有深厚的感情，希望能通过技术或经济手段保留原住宅，其比例达到 70% 以上。居民对住区房屋的认识分析结果，见图 15-7 所示。

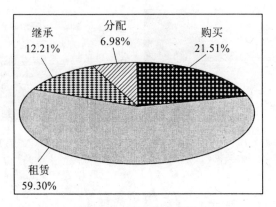

图 15-6　居民房屋来源

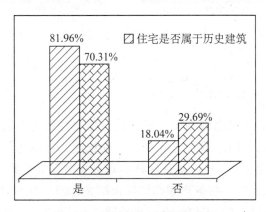

图 15-7　居民对住区房屋的认知

　　从居民生活对现有历史住区的依赖程度和居民迁移意愿角度，还将居民对未来居住地的想法进行了调查。从调查结果来看，即使历史住区在房屋质量和人居环境方面存在问题，但大部分居民仍愿意长期居住在现有社区，达到 65% 以上。少部分居民考虑搬至城市中心、工作地、原籍或者亲戚附近，分别占 9.05%，4.52%，3.52% 和 1.01%。剩余的居民认为会选择环境更好的城市新兴地区的住区，或者搬到面积更大的房屋中，或者等待政府安排住房。该统计也初步反映了武汉市历史住区居民的迁居意愿及其可能的迁移路径(图 15-8)。

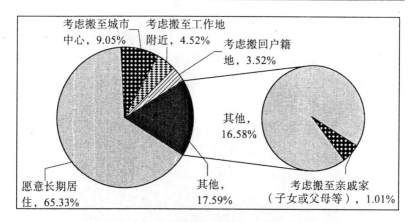

图 15-8　居民对未来居住地的想法

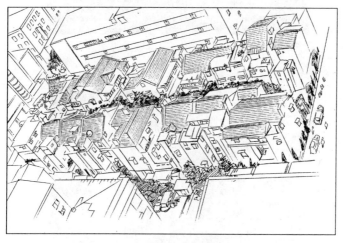

图 15-9　江汉村鸟瞰图（李杰绘）

15.3　人居与物质环境分析

15.3.1　建筑采光通风

武汉历史住区的建设多在 1949 年以前，有的住区建筑已有将近百年的历史，其建筑结构与现代建筑有较大区别。

接受问卷调查的居民中，近一半认为采光不足，白天进入房屋内也需要开灯，其比例达到47.24%，实际图见图15-10和图15-11所示。只有约15%的居民认为采光充足。分析结果见图15-12所示。

图15-10　房屋内采光情况

图15-11　房屋内通风图片

在历史住区建筑通风方面，由分析可知，对于历史住区，房屋建筑内通风一般都比较好，只有10.6%的问卷居民认为房屋内通风很好，32.8%的居民认为通风较好，而认为历史住区通风一般、差和很差的超过了一半以上。历史住区建设时间早、建筑密度大、人口集聚度高，且多处于大城市旧城区，因此，存在居民房屋通风

210

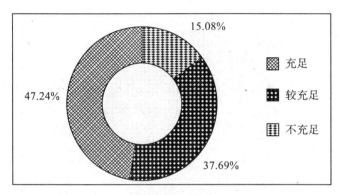

图 15-12　居民房屋建筑内采光情况

情况不佳等问题(图 15-13)。

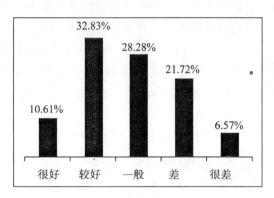

图 15-13　居民房屋建筑内通风情况

15.3.2　环境卫生状况

由于建成年代久远,基础设施缺乏,房屋与人口密度拥挤,房屋使用超载等问题,历史住区建筑环境卫生状况普遍不理想,认为一般的占 45.96%,认为较好的占 31.31%,还有相当一部分比例认为住区建筑环境卫生状况差甚至很差,所占比例各为 11.62% 和4.55%。统计结果见图 15-14 所示。

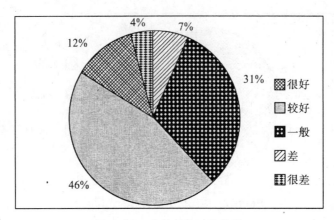

图 15-14　建筑环境卫生状况

对于历史住区卫生状况，主要通过对住区建筑污水排放和垃圾清运处理等方面进行实态调查，建筑污水排放及处理和垃圾清运情况如图 15-15、15-16、15-17 所示。分析可知，住区的垃圾清运和污水排放及处理情况较好，认为及时的居民分别占 47.47% 和 45.45%。也有部分居民认为不及时，分别占 6.57% 和 11.11%。

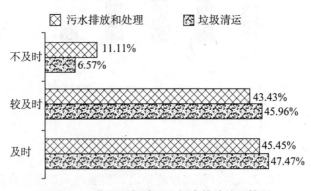

图 15-15　住区垃圾清运和污水排放处理情况

受调查的样本历史住区多位于城市中心区域，受区域位置影响较大。建筑密度大且毗邻主要交通要道，住区受交通尾气排放影响

图 15-16　垃圾收运情况

图 15-17　污水收集排放情况

较大。问卷数据中，大部分居民认为住区周边的空气质量一般，占41.21%；而受调查的样本历史住区靠近长江，毗邻江滩，因此，有近一半的居民认为较好或者很好，只有极少的居民认为很差，约仅占 0.50%。统计结果见图 15-18 所示。

历史住区的噪声主要来自日常生活和交通，分别占 42.42% 和18.18%。日常生活噪声主要包括商场、市场、公共娱乐场所的喧哗声和家庭噪声等。另外历史住区周围的建筑施工等也是噪声的一个重要来源，占 11.11%。在调查的部分历史住区中，由于没有机动车辆出入，也没有商业经营活动等，住区居民感觉不到很大的噪声，因此调查中有 26.77% 的人认为本住区基本无噪声。统计结果见图 15-19。

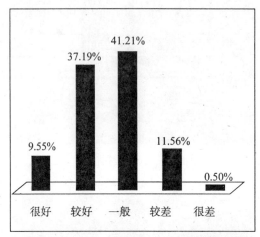

图 15-18　住区周边空气质量(昌年里)

15.3.3　绿化景观状况

大部分历史住区居民对住区景观绿化不满意,占到近四成,部分居民认为住区附近有公园,能满足需求,对景观绿化基本满意,占35.53%,也有约3%的居民对本住区的绿化非常满意。分析原因可知,武汉市历史住区建筑历史相对悠久,是参考传统建筑设计理念,结合本地特色,建筑紧凑,公共空间相对比较缺乏,因此,绿化及住区小品相对较少,特别是需要较大开场空间的草坪等绿化设施(图15-20)。

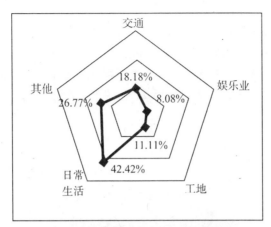

图 15-19 住区噪声主要来源（坤厚里）

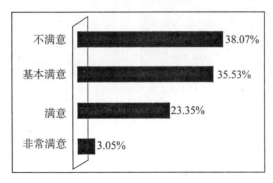

图 15-20 住区居民对社区景观绿化满意程度

虽然对于绿化有较大需求，但由于建筑空间有限，32.62%的居民认为没有地方进行绿化景观建设，不考虑增加绿化景观。但仍有27.81%的居民认为可以增加景观小品。因此，可采取独立式绿化、立体式绿化等方式相结合，力求绿化及小品与原建筑空间相辅相成的方式，分析结果见图15-21和图15-22。

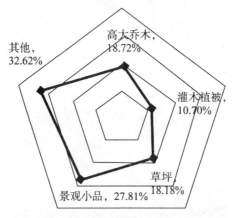

图 15-21　社区缺少的绿化景观

DIY独立式绿化立体式绿化

图 15-22　绿化小品与建筑空间的有效结合

15.3.4　基础设施状况

调查的样本历史住区多位于城市旧城区城市核心地段，基础设施老化与匮乏问题比较普遍。认为社区公共活动空间不充足的居民高达61.9%。由于历史住区中的稳定居民很大一部分是退休职工，因此对健身休闲场所的需求度较高，即使武汉进行了多轮的社区治理工程（如883工程），但仍不能满足居民对健身和娱乐设施的需求（图15-23）。

图15-23　住区基础设施

有40%的问卷居民认为需要增加活动中心，25%以上的居民认为需要增加健身设施，还有相当一部分居民认为历史住区中的空地有限，不需要增加基础设施，或者持无所谓看法，占23.08%。分析结果见图15-24和图15-25。

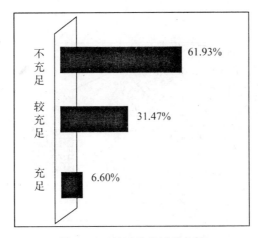

图15-24　社区公共活动空间

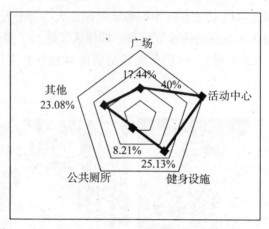

图 15-25　社区缺少的基础设施

15.3.5　房屋满意程度

在对历史住区居民对建筑的满意度调查统计中，四成受访者表示对现有住房不满意或者不是太满意，22.28% 的人感到一般，21.29% 的人感到满意。从结果看，不满意和满意的各占一半，分析结果见图 15-26。

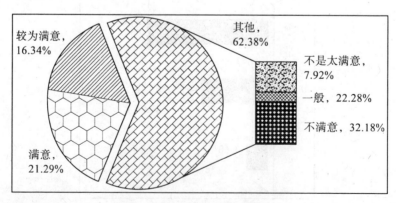

图 15-26　居民对住区房屋满意度

从历史住区的住房满意程度看，历史住区本身就是个矛盾的综合体。历史住区区位优势明显，多数周边设有大型商业、教育、医疗、文化等配套设施，生活设施已较为完善。住区居民满意的方面集中在其地段优势和学校医院配套设施齐全两项，分别占到63.52%和23.27%。受访居民的房屋多属于公租房或单位分配房，或购买时间较早，居住成本相对较低，这也是历史住区吸引居民的一个重要方面，其比例达17.6%。还有部分居民认为旧住区邻里关系密切，相互间已建立长达数十年的邻里感情，存在着现代住区所无法比拟的社会要素，也促成居民对居住地的依赖，其比例占15.7%（图15-27）。

图 15-27 居住环境现状

住区居民不满意的方面集中体现在住区建筑质量和人居环境方面。通过走访调查和统计，受访者的户均建筑面积为 10~20 平方米，大部分历史住区建筑主体结构破坏，木制楼梯腐蚀严重，墙体剥落，外墙饰面脱落，建筑物质性损耗严重。房屋质量差和房屋面积小等因素，分别占了 53.13%和 42.50%，成为历史住区普遍存在的问题。居民对房屋质量改善和住房室内面积增加期望较高。受

219

访对象中认为住区建筑潮湿，卫生条件差，生活不方便等也占到了
14.38%。分析结果见图 15-28。

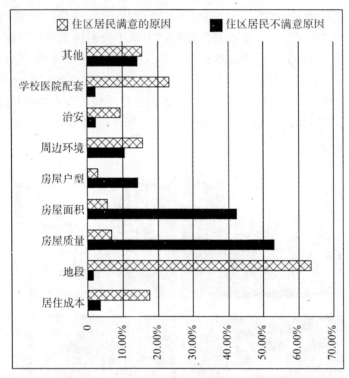

图 15-28 居民对住区房屋满意和不满意的原因

15.4 居民构成及特征分析

受访者中 77.5% 为本住区居民，13% 为居住在本住区的外地
居民，其余受访者是居住在本住区的武汉市居民，可见，受访居民
的针对性较强，数据能真实反映受访居民的居住生活情况。即使选
择在双休节假日进行调查，受访居民的年龄结构也呈现普遍偏高的
态势，大多数的受访者为中老年人，特别是老年人居多，50 岁以
上受访者占 57.6%，60 岁以上的占 35.2%。图 15-29 为受访居民

年龄构成分析。

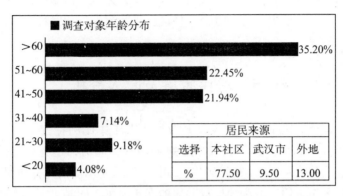

图 15-29　调查居民构成情况

　　在对受访者工作状况的问卷调查显示，居民中退休员工占的比例最大，达到 48.74%，接近一半；其次是做私营企业及个体户的居民，各占 14.07% 和 12.06%。从居住年限的统计结果来看，大部分的居民居住年限比较长，显示出相对稳定的定居状况。其中居住达到 30 年以上的占 39.39%，而且有居民甚至已经居住了 60 多年；居住时间少于 5 年的占到 19.7%；居住 20~30 年的调查对象占 16% 左右。统计结果见图 15-30。

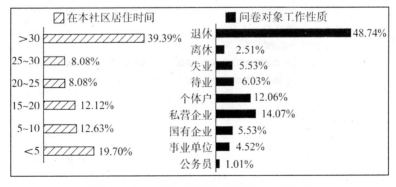

图 15-30　问卷对象在社区居住时间和工作性质

由此可见，从历史住区居民年龄结构、工作状况和居住时间来看，一方面住区老龄化问题较为严重，离退休老者占据绝大部分比重，住区缺乏活力，另一方面，住区居住状况保持相对稳定，人口流动性不大。

15.5　居民家庭及收入分析

被调查居民中，家庭人数1人和2人居住比例各占5.05%和25.25%，3人所占比例较大，达到41.4%，同时，还有相当比例的家庭人数为4~5人共同居住，如图15-32所示。由此分析可得，历史住区中大约三成为独居或共居的老年居民，同时，在子女成年后仍与老年人共居的也占相当部分，占七成左右，此部分居民经济收入较低，无法为成年子女提供住房，导致两代甚至三代共居的现象。同时，从人均居住面积的统计数据来看，居民户型多为一室一厅、三室一厅、二室二厅和单间，面积集中在10~20平方米。居民人均住房面积普遍偏低，其中人均住房面积10平方米以下的占36%，10~20平方米的占46%，20~30平方米和40平方米以上的各占7%，30~40平方米只有4%，这也印证了居民居住条件和经济收入能力的推断（图15-31）。

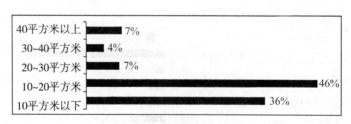

图15-31　居民人均住房面积

问卷中居民人均月收入偏低，月收入1000元以下的占35%，月收入1000~2000元的占34%，2000~3000元的占23%，而3000元以上的只有8%。详见图15-33。

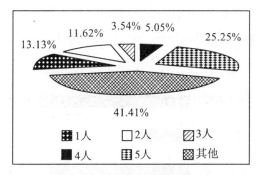

图 15-32 问卷对象家庭人数

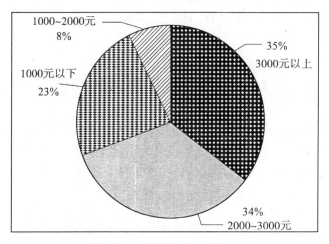

图 15-33 问卷对象人均收入

15.6 社会与组织状况分析

通过统计分析，调查对象没有参加过或者不知道社区集体活动的占 41.80%；认为偶尔组织的占 38.62%；认为定期组织社区集体活动的占 8.47%。由此可见，基层社区组织在历史住区中相对薄弱，通过社区组织增强社区联系的影响并不是很明显，这与在调查中，不少居民表达出希望社区组织更多集体活动的需求和愿望存在差距。分析结果见图15-34。

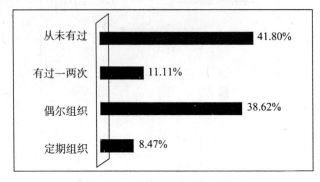

图15-34　社区组织集体活动频次

15.7　住区主要面临的问题

与西方大城市旧住区衰败所表现的人口剧减、房屋空置、犯罪率上升相反，武汉历史住区主要表现为人口拥挤、房屋超载，但治安良好的情况，相对居住面积，人口集聚度高是主要问题。历史住区建筑、居住和生活环境特征主要表现为：

(1) 武汉市历史住区建筑质量与人居环境严重劣化

由于历史住区建筑房龄高，且长期处于严重不合理使用状态，使得房屋存有安全隐患，房屋结构、功能及配套设施老化严重。历史住区的加层、改建及违章搭建较为普遍，原一户成套使用的住房由多户拆套使用，亭子间、车库等辅房也按户使用，且修缮养护标准不高，管理不到位，转租、群租现象普遍。随着生活方式的改变和生活水平的提高，武汉市历史住区现代化程度严重落后，住区的住宅已经明显不能满足居民生活的需求。

（2）武汉市历史住区人文价值丰富，但缺少活力

武汉具有悠久的历史和丰富的文化内涵，历史街区是武汉悠久历史及传统文化的见证。但是由于近年来城市的无序开发及保护力度的薄弱，历史街区的生存状态岌岌可危。因此，通过科学的分析和研究，挖掘历史街区的文化内涵，保护城市的文脉，找到保护与发展之间的平衡点，制订一套具有可操作性的保护利用规划，对武汉的城市建设和发展具有重要意义。

（3）武汉市历史住区成为或正在成为弱势群体的聚居区

随着历史住宅的老化和拆除，不少居民已经搬离，使得原有住区的社会资本严重流失。留下来的居民的贫富差距也比较明显，有的住户一家三口生活在仅不足 10 平方米的房屋中，也有居民拥有 300 多平方米的一整栋房屋建筑。历史住区社会分化现象的凸显，使得历史住区逐渐成为弱势群体的聚居区。这深化了社会不公平现象和矛盾，影响了城市建设的可持续性。

15.8　住区主要的发展机遇

（1）历史住区保护更新工作的推进

随着武汉市历史文化名城保护工作的逐步推进，有不少历史住区房屋已经被列入"武汉市优秀历史建筑"名单，免去了被拆除的危险。虽然老旧住区的保护和改善是一项内容繁多、涉及面广、计划性强的社会发展工程，但老建筑、老住区经历了世纪沧桑，是武汉历史的标志和见证，具有无法磨灭的历史价值。武汉历史建筑保护工作的推进为武汉市历史住区的保护和发展带来了机遇。

（2）重要的建筑历史文化保护区

武汉市是国家级历史文化名城。武汉的优秀历史建筑融西方建筑的古典浪漫和民族建筑含蓄典雅为一身，汇金融、商业、居住、宗教、外交、工业建筑为一体，集中体现了不同的地域文化、建筑艺术和武汉市近代经济发展和社会历史的演变，是不可多得的历史和艺术瑰宝。武汉市历史住区是未来武汉城市发展的重要建筑文化保留地，武汉城市化战略的实施建设必将考虑历史住区的保护和提档升级，增强地区发展活力。

(3) 社区经济的合理规划和发展

在城市历史住区的更新规划中，发展社区经济有利于增加就业机会、提高社区信心指数，也有利于增加住区活力、提高住区的房产价值。武汉是一个著名的商业城市，特别是汉口老城区更是商铺林立、服务网点众多。在更新规划中整治与利用并重，将历史建筑巧妙地与之相结合。这样，既解决了本住区中部地段活力较差的问题，又保证了居住环境的质量。

(4) 历史住区保护的政策法规支持

针对历史文化遗产面临的保护难题，武汉市政府在《武汉市旧城风貌区和优秀历史建筑保护管理办法》和《武汉市文物保护若干规定》的基础上，出台针对性和操作性强的地方法规，对历史街区和工业遗产的保护进行全面系统的规范；制定土地利用、房屋腾退、市政配套、税费减免、特许经营权等方面的优惠政策，对历史街区、工业遗产的保护和利用提供强有力的支持。另外，政府应加大投入，提高保护专项资金预算，利用资本市场和国家对文化产业的融资政策为历史街区保护创造条件；要通过吸引社会力量共同参与历史街区、工业遗产保护项目等方式，积极拓宽历史街区保护资金渠道。

16 武汉市现代住区发展现状调查与评价分析

16.1 调查范围与路线设计

16.1.1 调查范围界定

本次调查共选取了 8 个武汉市老工业区域的现代住区，分别分布于武汉市汉口江岸区、青山区和武昌区三个主城区，武汉市现代住区调研样本点分布如图 16-1 所示。所调查的大部分社区都经过

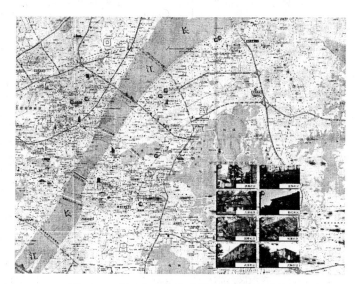

图 16-1 武汉市现代住区样本点调研分布图

了长期的发展与积淀，既有20世纪50~60年代形成的老工业居住区，也有20世纪80年代以后的住区和建筑，本次调查只针对其中20世纪80年代以前的建筑及居民。现代住区基本信息如表16-1所示。

本次调查顺序为由北向南，先汉口，再武昌的顺序，线路设计为：桃源社区—光华社区—纺器社区—国棉社区—八街社区—临江社区—武重社区—武锅社区。

表16-1　　　　武汉市现代住区样本点基本信息

序号	住区名称	地理位置	建造年代（20世纪）	背景	居民特点
1	桃源社区	江岸区建设大道	70年代末、80年代	各个单位分配	多为退休职工及家属
2	光华社区	江岸区澳门路	50年代，70、80年代	湖北省邮电工程局等单位职工宿舍	多为退休职工及家属
3	纺器社区	武昌区和平大道	50年代、70~80年代	武汉市纺织器材厂、武汉市构件二厂职工宿舍	多为退休职工及家属
4	国棉社区	武昌区和平大道	50年代	武汉国棉二厂职工宿舍	多为退休职工及家属
5	武重社区	武昌区中北路	50年代	武汉重型机床集团职工宿舍	多为退休职工及家属
6	武锅社区	武昌区武珞路	50年代70、80年代	武汉锅炉集团职工宿舍	多为退休职工及家属
7	八街社区	青山区红钢城	50年代	武汉钢铁集团职工宿舍	多为退休职工及家属

续表

序号	住区名称	地理位置	建造年代（20世纪）	背景	居民特点
8	临江社区	青山区红钢城	50年代	武钢、一冶、青山交通局、青山行办职工宿舍	多为退休职工及家属

本次实态调查组建了一个武汉现代住区专题调查组。本次实态调查采用表格形式从住区背景、建筑环境、建筑特征、建筑质量、建筑规模和居民情况等方面对现代住区的建筑基本信息进行现场统计，并通过实地走访，共完成8份《武汉市现代住区发展现状调查情况表》，并发放《武汉市现代住区居民现状调查问卷》200份，回收有效问卷198份，共得到5476个有效数据。武汉市现代住区现场调研实况如图16-2所示。

光华社区

八街社区

图16-2　武汉现代住区调研实况

16.1.2 住区基本信息

本组共调研了8个较典型的历史住区,包括:桃源社区、光华社区、纺器社区、国棉社区、八街社区、临江社区、武重社区和武锅社区。各住区的建筑基本情况如下:

①桃源社区:桃源社区位于江岸区建设大道,始建于20世纪70年代末期,共有居民1575户、5000余人,整个社区占地面积11万平方米,共有48幢住宅楼、114个单元门栋,绿化覆盖率达50%。住区建筑以6层、7层楼房为主,联排式布局,水刷石墙面,砖混结构,预制楼板,平屋顶,建筑内外墙局部存在剥落、破损情况,楼前乱搭乱建的情形十分常见,大大影响了社区的整洁。辖区内有台北路学校、鄂城墩幼儿园、台北街社区卫生服务中心、台北信腾物业管理总公司等单位。交通方便,配套设施齐全。

②光华社区:光华社区位于澳门路与球场路的交汇处,与澳门路社区毗邻,社区总户数1634户,总人数4718人,总占地面积0.112平方公里。社区内有房屋52栋,其中九层以上的2栋、八层8栋、七层1栋、六层及六层以下41栋,总建筑面积13.11万平方米。辖区内有湖北省国土测绘院、湖北省电信工程有限公司、武汉市第六中学等单位。社区大多数房屋是20世纪70~80年代建成,多为砖混结构,其中还保留着20世纪50年代建成的砖木结构房,整个辖区建筑设施简陋,小区内公共场地狭小,房屋间距逼仄,且人口分布密集,是典型的老旧住宅区。

③纺器社区:纺器社区位于武昌区杨园街才茂街地段、和平大道南北两侧。1959年,国有企业武汉市纺织器材厂筹建之初,工厂在和平大道以南修建了一栋三层楼职工单身宿舍和几排平房的职工宿舍,称为"纺器村"。随着企业的发展,特别是改革开放后,工厂先后修建了五栋六层楼和一栋七层楼的职工宿舍,"纺器村"逐步壮大。20世纪末,21世纪初因企业改制,土地转让后,先后建起了"杨园新村"及"馨都雅园",两个小区的门牌号均叫"纺器村"。纺器社区现有居民1620余户,5000余人。民风朴实,交通便利,商业网点多,居家生活相当方便。20世纪50年代所建造的

230

最早的一批宿舍楼如今已老化得非常严重，内外墙破损、房间潮湿漏雨，采光通风不畅等问题尤为突出，这些房屋都是砖混结构的红砖房，在社区中格外醒目，其中居住条件最差的就是几排平房，由于房屋面积小，居民在门前搭建了厕所、厨房，显得非常凌乱。

④国棉社区：国棉社区位于武昌区杨园街，是江南集团职工生活小区和水厂生活小区，辖区面积 1.5 平方公里，居民 1900 户，常住人口 8000 多人，共有 34 个居民小组。小区内的楼房大多为四层的红砖瓦房，全是 20 世纪 50 年代武汉国棉二厂建厂时建的宿舍楼。这批宿舍住房面积大的 30 余平方米，小的仅 10 平米。住房小，人口多，造成这里几乎所有一楼居民都会在门前搭水池、灶台甚至厨房、储物间之类的违建物。

⑤八街社区：八街社区位于青山区红钢城中部，房产管辖属武钢房产公司，在辖区内有楼房 19 栋，自然门栋 69 个，650 户居民，2045 人。1954 年，毛主席批准建立武汉钢铁公司，定址青山，伴随武钢的建设，武钢生活区相应规划出炉。武钢作为苏联援华项目，在布局设计以及管理流程上都带有明显的苏式风格，武钢生活区的规划，基本上整体复制了新西伯利亚工业区的模式。随着后期的发展，红房子达到十六个街坊之多，总面积 50 万平方米。红墙、红砖、红瓦、红屋顶、红窗户，每 12 栋红房子排列成矩形，中央是绿化带。这一团团红色的建筑，守护着武钢人。然而，随着人们居住环境的不断改善，红房子的硬伤逐渐暴露出来。红房子是按照前苏联地区环境设计，构造强调保暖、防风；在武汉，这让居住者分外憋闷。另外，为节约成本，红房子的屋内墙壁用细竹片做筋，潮湿天气常有墙灰落下。除此之外，年久失修、雨天漏雨等问题也困扰着住户。2012 年 7 月，武汉正式确定青山"红房子片"为武汉 16 大历史文化风貌街区。

⑥临江社区：临江社区位于青山区红钢城，其特征与八街社区类似。临江社区是一个混合型社区，由武钢、一冶、青山交通局、青山行办四个单位职工居住所组成，建于 20 世纪 50 年代末，社区占地面积 10.5 万平方米，其中绿化面积 3.6 万平方米，社区总户数 1673 户，总人口 5266 人，分住在 49 栋房屋（125 个门栋）和一

处平房内。设施齐全，居民生活便利。

⑦武重社区：武重社区位于武昌区中北路，共有 3129 户，9532 人，为武重厂宿舍集中区，由原武重三、四街坊居委会合并组成。武重厂宿舍是 20 世纪 50 年代至 90 年代的建筑，少部分 20 世纪 90 年代建筑还可以，绝大部分五六十年代建筑的门窗、墙体都已出现严重风蚀，破损严重，相当部分住户厨房、厕所都是共用的，很多住户的住房面积都在三四十平方米以下。东沙工程正式启动后，武重社区被拆迁。

⑧武锅社区：武锅社区位于洪山南麓武珞路 586 号，东临石牌岭社区，西邻宝通寺社区，南靠武汉锅炉集团有限公司生产厂区。现武锅社区是由原老武锅社区调整划分而成，原老武锅社区是一个有着 50 多年历史的老社区，原为武锅集团职工及其家属生活住宅区，2005 年由单位型社区转为社会型社区。武锅社区现占地总面积 0.15 平方公里，有居民住户 1842 户，常住人口 5726 人，流动人口 102 人，居民小组 38 个。周边配套设施齐全，有武锅职工医院、武锅幼儿园、武昌区珞珈山小学、武锅电影院等单位。社区中有许多 20 世纪 50 年代建造的红砖房，由于年久失修，现如今已成为社区中居住条件最差的"贫民区"。

16.1.3　调查技术路线

本次实态调查和评价采取了以下技术路线：

①资料收集与理论构建。通过广泛收集各类历史文献和技术资料，专题组对汉口和武昌的自人文、经济、社会、自然等因素进行了深入细致分析，结合现代住区建筑保护利用和旧城改造更新领域的长期丰富研究成果，构建了本报告的理论支撑。

②现场实态勘察和评估。通过现场勘察、入户访谈、专家咨询、现场测试等方式，从建筑环境、建筑特征、建筑质量、建筑规模、居民情况等多方面对武汉市现代住区及建筑进行了全面实地考查和分类评价，构建了本报告的评价平台。

③提出调查评价综合结论。采用逐点调查法，对各现代住区选点展开全面详细调查和论证。通过对各项成果综合分析，总结武汉

市现代住区居民生活意愿，揭示武汉市现代住区发展趋势和变化动态，为现代住区内的建筑保护利用提供依据。

16.2 建筑历史与价值评价

16.2.1 住区建筑价值

本次调研的现代住区多建于 20 世纪 50 年代，多为工矿企业的职工住区，具有集体经济和单位统一建设特征，是一个时代的产物，有一定的历史价值。该类住区的建筑多为红砖房，特色鲜明，清水墙面、楼梯间水泥通花装饰、露明的地圈梁线，毛石基础，阳台虽经改建，但水泥栏板装饰仍清晰可见，这些建筑符号集中体现出 20 世纪 50 年代老工业区住区建筑的特殊风格。

图 16-3　武汉工业历史住区八街坊手绘图（李杰绘）

如图 16-3～图 16-6 所示。房屋结构多为砖混结构，呈围合式或联排式布局，以三层楼房为主，户型主要为一室一厅、两室一厅以及团结户。

图 16-3　国棉社区典型建筑

图 16-4　八街社区典型建筑

16.2.2　住区居民认同

通过对住区居民的房屋来源调查分析可知，居民的房屋大部分是由单位分配的，占52.53%，据调查，分配的房屋基本上都已被居民个人买断(除了团结户)。17.17%的居民房屋是通过购买所得，26.26%的居民通过租赁方式获得居住权利。还有4.04%的居民通过继承获得房屋，这些房屋也大多是单位分配的。房屋来源具

图 16-5　纺器社区典型建筑

图 16-6　武锅社区典型建筑

体情况如图 16-7 所示。

　　对于居住在这里的居民而言，他们对住区建筑的历史价值看法相差较大。根据我们的调查，43.93% 的居民觉得自己的住宅属于历史建筑，而 57.07% 的居民认为不属于。45.96% 的居民认为该住宅应该保留下来，而 54.04% 的居民则认为不应该保留，如图 16-8、图 16-9 所示。

　　从居民生活对现有现代住区的依赖程度和居民迁移意愿角度，

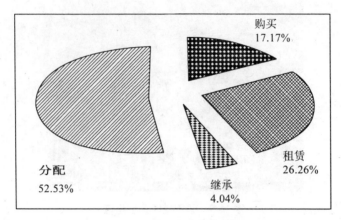

图 16-7　居民房屋来源

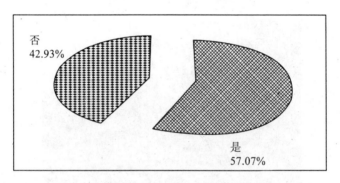

图 16-8　是否属于历史建筑

还将居民对未来居住地的想法进行了调查。由图 16-10 可知，居民对未来居住的想法大多为愿意长期居住，占 73.74%。据调查，大多数人都希望能够拆迁并在原地还建，他们对自己住区的地理位置都比较满意，也不愿意离开生活了多年的地方，只是觉得房子太老了住着不舒适，而拆迁也是大势所趋，部分住区已经规划在近几年内开始拆迁工作。

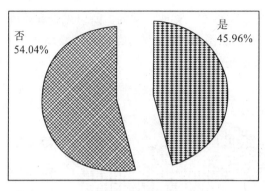

图 16-9 是否应该保留

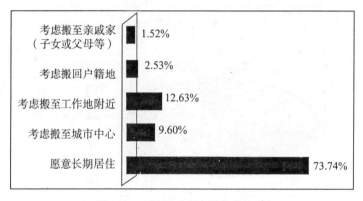

图 16-10 居民对未来居住的想法

16.3 人居与社会环境分析

16.3.1 建筑采光通风

武汉市现代住区大多始建于 20 世纪 50 年代，距今已有 60 年左右的历史，其建筑结构与现代建筑有较大区别。图 16-11 和图 16-12 显示，大部分居民对房屋建筑内的采光和通风还比较满意，34.85% 的人认为采光不充足，44.95% 的人认为通风一般或较差，这些居民基本上是住在一楼或二楼的，所以采光和通风受到一定的影响，如图 16-13、图 16-14 所示。部分团结户由于厨房设在走廊，存在油烟排放不畅的问题。

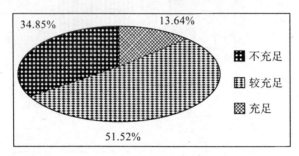

图 16-11　建筑内采光情况

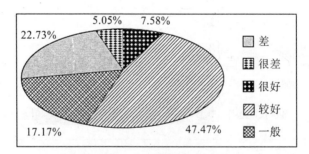

图 16-12　建筑内通风情况

图 16-13　一楼内走廊（武重社区）

图 16-14　二楼外走廊(纺器社区)

16.3.2　环境卫生状况

对于住区卫生环境状况，多数居民不太满意，67.17%的人认为一般、较差或很差，只有约2%的人对住区卫生环境非常满意，统计结果如图 16-15 所示。

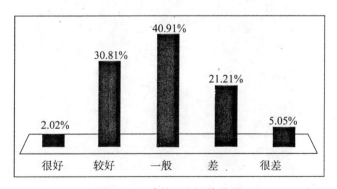

图 16-15　建筑卫生环境状况

环境卫生比较突出的问题，究其原因是由于多数住区都存在宠物和家禽饲养不规范，无明文规定禁止饲养家禽的规定，对于宠物饲养的规定也执行不到位，导致猫狗和鸡等动物粪便处理不及时，给居民带来较大的困扰。其次，垃圾随处堆放和楼梯间杂乱的情况也较为常见，也为消防安全带来一定隐患，住区环境问题实景，如图 16-16、图 16-17 所示。

图 16-16　垃圾随处堆放情况(光华社区)

图 16-17　楼梯间杂乱情况(武锅社区)

对于住区内固定垃圾站垃圾清运和污水排放情况，居民大都认为清理比较及时，如图 16-18 和图 16-19 所示，认为垃圾清运及时和较及时的占 90.40%，认为污水排放及时和较及时的占 86.87%。

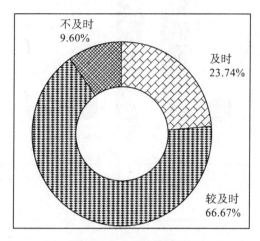

图 16-18 垃圾清运情况

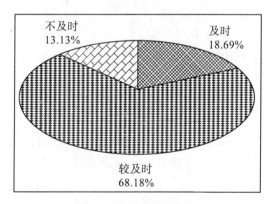

图 16-19 污水排放情况

调查显示，居民对住区的空气质量认可程度一般，这是由于所调查的样本现代住区多位于城市中心区域，建筑密度大且毗邻主要交通要道，受交通尾气及噪音影响较大。这与居民认为住区的噪音来源主要是交通的感受相一致，调查结果如图 16-20、图 16-21 所示。

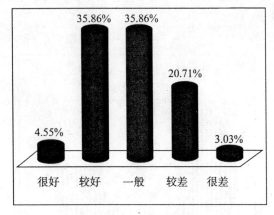

图 16-20　空气质量情况

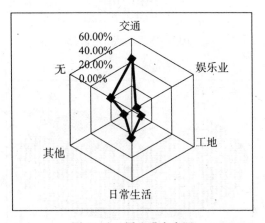

图 16-21　周边噪声来源

16.3.3　绿化景观状况

调查结果显示，居民对住区的景观绿化还比较满意，仅有
26.77%的居民不满意，如图 16-22 所示。大部分人觉得还可以增
加草坪、景观小品、灌木植被等绿化景观，如图 16-23。社区绿化
实景如图 16-24、图 16-25 所示。

242

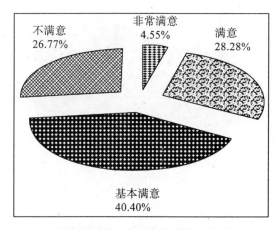

图 16-22　住区景观绿化满意程度图

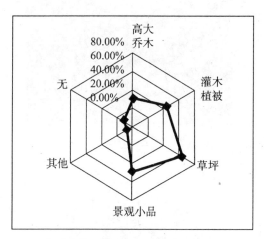

图 16-23　社区景观绿化缺少的项目

16.3.4　基础设施状况

根据调查，56.06%的居民认为社区公共活动空间充足或较充足，43.94%的居民认为不充足，如图 16-26 所示。居民认为社区还缺少的基础设施依次为活动中心、广场、公共厕所、建筑设施等，如图 16-27 所示。

图 16-24　八街社区周边绿化图

图 16-25　光华社区居民门前绿化

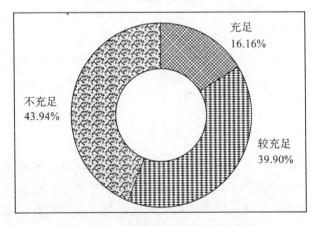

图 16-26　社区公共活动空间是否充足

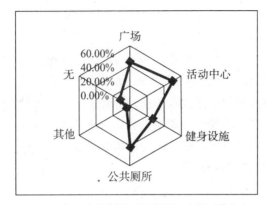

图 16-27　社区缺少的基础设施

图 16-28　八街社区居民健身设施

图 16-29　武锅社区工会

16.3.5　房屋满意程度

调查结果显示，对房屋满意或较为满意的仅占 27.27%，25.25% 的觉得一般，有 47.48% 的人对房屋不太满意或不满意，可见居民对房屋的满意程度不高，如图 16-30 所示。其中，居民不满意的方面主要体现在房屋面积小、质量差和户型不好，而满意的地方则主要是房屋地段好、居住成本低和学校医院配套好，具体情况如图 16-31、图 16-32 所示。

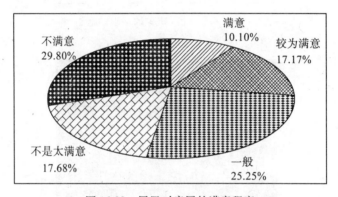

图 16-30　居民对房屋的满意程度

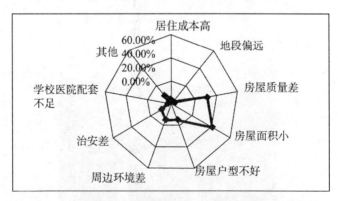

图 16-31　居民对房屋的不满意之处

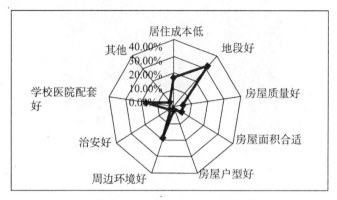

图 16-32 居民对房屋的满意之处

武汉市现代住区的建筑老化损坏情况非常严重，墙体剥落、门窗损坏、基础设施老化的现象十分常见，如图 16-33 至图 16-36 所示。

图 16-33 房屋室内破损情况（八街社区）

团结户是现代住区特有的居住形式，每户只有 1 个单间，3～4 户共用厕所和厨房。这种房屋一般产权属于单位或者房管局，住户无法买断房屋，只享有居住权。由于房屋年代久远，损坏严重，居

图 16-34 消防设施老化情况（纺器社区）

图 16-35 楼梯间破损情况（光华社区）

图 16-36 外墙破损情况（武锅社区）

住条件较差，如图 16-37、图 16-38 所示。由于居住面积过小，少数居民自己在屋前搭建了厕所和厨房，如图 16-39、图 16-40 所示。

图 16-37 团结户的单间（光华社区）

图 16-38 团结户的共用厕所（国棉社区）

武汉市现代住区大多地理位置优越，临近主干道，交通方便，如图 16-41、图 16-42 所示。社区周围配套设施齐全，学校、医院、超市、市场一应俱全，给居民的生活工作带来很多方便，如图 16-43、图 16-44 所示。

图 16-39　居民搭建的厕所厨房（武重社区）

图 16-40　居民搭建的厕所厨房（光华社区）

图 16-41　桃源社区周边环境

图 16-42　光华社区周边环境

图 16-43　光华社区周边的学校

图 16-44　八街社区周边的市场

16.4　居民构成及特征分析

　　调查结果显示，住区居民的年龄大多分布在 40 岁以上，其中，最多的为 60 岁以上的退休老人，占 34.85%，具体分布情况如图 16-45 所示。居民的居住时间也相对较长，其中，居住了 30 年以上的占 40.40%，如图 16-46 所示。

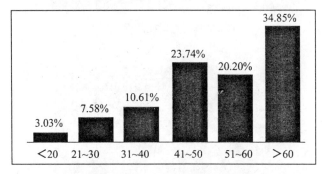

图 16-45　居民的年龄分布

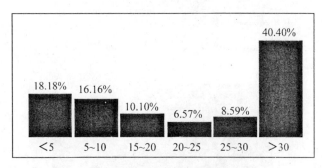

图 16-46　居民的居住时间

　　对受访者工作性质的问卷调查显示，居民以退休职工为主，占总调查人数的 46.97%，其次是个体户、国有企业和私营企业的居民，详见图 16-47。

　　由此可见，住区居民以中老年为主，大多是退休职工，居住时

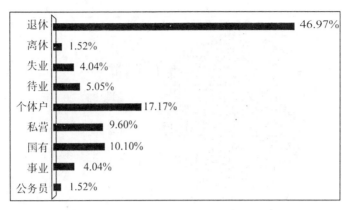

图 16-47 居民工作性质

间较长，房屋也是由单位早期分配所得，住区居住状况保持相对稳定，人口流动性不大。

16.5 居民家庭及收入分析

根据调查，住区居民家庭人数多为 2～4 人，居民人均月收入偏低，月收入 1000 元以下的人数较多，占到了 50.00%，月收入 1000～2000 元的占 35.35%，2000～3000 元的占 14.14%，而 3000 元以上的不到 1%。具体情况如图 16-48、图 16-49 所示。

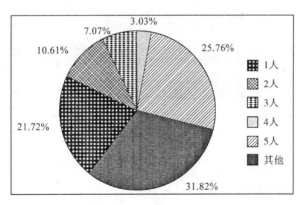

图 16-48 居民家庭人数

253

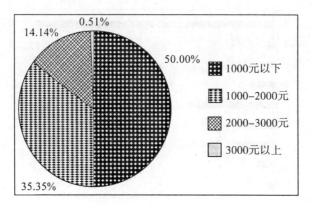

图 16-49　居民人均月收入

居民房屋户型多为 1 室 1 厅、2 室 1 厅和单间，面积集中在 20～80 平方米。居民人均住房面积普遍偏低，如图 16-50 所示，其中人均住房面积 10 平方米以下的占 26.7%，10～20 平方米的占 38.74%，20～30 平方米的占 22.51%，而 30 平方米以上的只有 12.04%。每平方米月租金为 2.50～50.85 元，平均值 18.38 元。

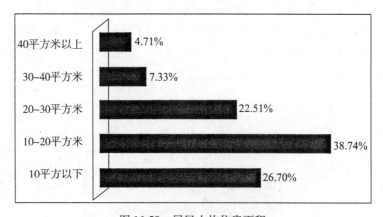

图 16-50　居民人均住房面积

16.6 社会与组织状况分析

所调查住区的社区集体活动组织情况并不理想，仅有12.12%的社区定期组织活动，45.45%的社区则从未组织过活动，详见图16-51。其中八街社区、临江社区、武锅社区的情况较好，组织集体活动的次数相对较多，而这几个社区的公共活动空间也相对较充足。图16-52和图16-53为社区居民集体活动实景。

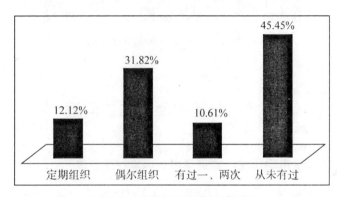

图 16-51 社区组织集体活动情况

图 16-52 武锅社区居民集体活动

255

图 16-53　八街社区居民集体活动

16.7　住区主要面临的问题

(1)武汉市现代住区建筑与物质环境加速衰退

由于时代久远，保护维修不及时，导致武汉市现代住区内建筑老化、破损情况较严重，墙体剥落、门窗损坏、基础设施老化、采光通风不充足、潮湿、漏雨等现象随处可见，存在一定的使用安全隐患。此外，住区内的建筑卫生环境状况较差，垃圾、杂物随处堆放，猫、狗等动物无人管理，在建筑外乱搭乱建的现象已成常态，大大影响了住区的居住舒适度。

(2)武汉市现代住区面临特有的团结户问题

团结户是现代住区特有的居住形式，每户只有 1 个单间，3～4户共用厕所和厨房。这种房屋一般产权属于单位或者房管局，住户无法买断房屋，只享有居住权。由于房屋年代久远，损坏严重，居住条件较差，人均居住面积一般不足 10 平方米，而且由于公用厨房和厕所，带来了一些邻里之间的矛盾与纠纷。团结户已成为社区中最底层的居民，如何改善这些人的居住条件成为现代住区保护更

256

新的一个难点。

(3)武汉市现代住区的更新须与城市规划建设结合

调查发现，大多住区都面临着即将拆迁的问题，虽然大部分居民并不反对拆迁，但是拆迁后如何安置、装修费用如何解决都是他们关心的问题。城市的发展正在不断地淘汰这些老住区、老房子，破旧的住区跟周边现代化的高楼大厦对比鲜明、格格不入，这些住区如何与城市规划建设相结合，如何才能在不断更新变化中的城市生存是它们面临的最大难题。

16.8　住区主要的发展机遇

(1)武汉市现代住区是城市独特的工业文化遗产

武汉市现代住区一般建设于 20 世纪 50 年代到 70 年代期间，由于其独特的建筑风格且大多采用红砖建造，也被称为"红房子"。在武汉，红房子在许多"武"字头企业(如武钢、武重、武锅等)旁边都能看到，其中以青山最为壮观。这种红砖被普遍用于工业建筑的厂房、宿舍中，与那时的建筑工艺、工业发展水平以及社会整体环境都有关联。红房子是 20 世纪中期苏联援建以及工业化发展的重要见证，它是整个历史时期的一个记录与痕迹，具有极高的历史价值。从最早红砖讲究的砌筑方式、建筑结构，逐渐到后期的简化过程，都是反映的那个时代的一个经济与社会的发展过程。红房子作为时代的特殊产物，已经成为城市发展的标签，能帮助人们去认识和回溯城市发展的过程和脉络，是城市独特的工业文化遗产。

(2)武汉市现代住区大多地理位置优越

武汉市现代住区大多地理位置优越，位于中心城区，临近主干道，交通方便，便于居民出行。住区周围配套设施齐全，住区附近一般都有医院、幼儿园、小学、中学、市场、超市等配套设施，给居民的生活带来了很大的方便。优越的地理位置是现代住区更新与保护的一个优势和机遇。

(3)武汉市现代住区基层社区组织的建设与联系

武汉市现代住区的公共活动空间大多较为充足，居民相互交流的机会较多。而且由于住区居民大多是同一工矿企业的职工，互相之间也较为熟悉，关系较为融洽。根据调查，住区居民大多愿意在原地长期居住，并且希望以后能拆迁并在原地还建，可以看出居民对住区有着深厚的感情。这些都十分有利于社区的管理和基层社区组织的建设。

17 武汉市当代住区发展现状调查与评价分析

17.1 调查范围与路线设计

当代住区(1980—2000 年)是指在改革开放，特别是房屋改革后建设完成，具有较为明显的市场供求特征的住区，此类住区部分由企业职工集资筹建，部分由开发商开发或两者结合，建设形式多样。

调研范围为武汉市当代住区 7 个典型代表，即关东康居园(一期)小区、梅苑小区、胭脂路小区、渣家路小区、育才一村小区、育才二村小区和育才社区。武汉市当代住区样本点分布图如图 17-1 所示。

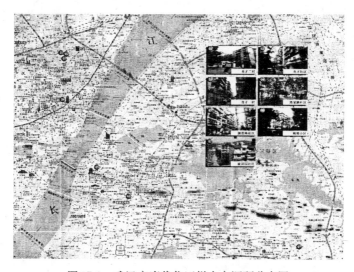

图 17-1　武汉市当代住区样本点调研分布图

　　调查以实地考察、询问、问卷的形式，对调研住区进行了深入调查，获得了丰富的一手资料，对武汉市当代住区现状有了充分了解。

　　当代住区调研样本点基本信息如表 17-1 所示。

表 17-1　　　　　　　　　　当代住区样本点基本信息

序号	住区名称	地理位置	建造年代	背景	居民特点
1	关东康居园	珞喻东路	1995—1999 年	武汉汇峰房地产开发有限公司开发	个体户、事业单位、私企、退休
2	梅苑小区	付家坡紫阳东路	1990—1994 年	武汉城开集团开发	公务员、事业单位、私企、退休
3	胭脂路社区	司门口粮道街胭脂路	1995 年	拆迁还建	以还建居民为多，低收入人群为主
4	渣家路小区	江岸区西马街渣家左路	1982 年	拆迁还建	还建居民为主
5	育才一村小区	黄孝河路	1985—1990 年	武汉市市政管理局等单位住宅	事业单位、国企、退休
6	育才二村小区	黄孝河路	1984 年	单位住宅	国有企业、事业单位、退休、个体
7	育才社区	江岸区花桥街	1986—1987 年	单位住宅	事业单位、国有企业、私企、退休

本次调研对象为住区居民，调研组共发放问卷200张，回收有效问卷195张，共获得有效数据4968个。

武汉市当代住区现状调查表包含了25个调查项目，118个具体问题选项。本次调查主要从如下五个方面展开：住区建筑历史与价值评价分析、住区居民构成及特征分析、住区居民家庭及收入分析、住区人居与社会环境分析和住区社会与组织状况分析。调研实况如图17-2所示。

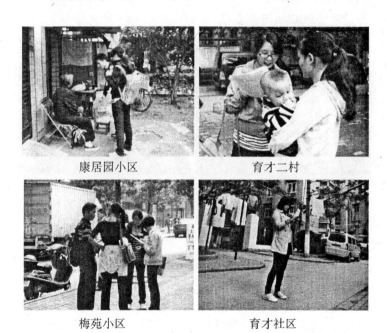

| 康居园小区 | 育才二村 |
| 梅苑小区 | 育才社区 |

图17-2 武汉市当代住区调研实况

17.2 建筑历史与价值评价

本次调研的住区为20世纪80年代初至20世纪末建设，开发建设形式多样，既有开发商开发建设，也有单位集资建房。调研样本点住区现状如图17-3所示。

关东康居园社区   梅苑小区

胭脂路社区   渣家路小区

图 17-3　当代住区调研点现状

　　当代住区建筑多以联排式形式排布，选址多在交通便利的地方，经过多年的发展，生活机能较为完备，医院、学校、大型超市、市场等各类生活设施齐全。住区自然环境优良，但由于受到空间限制，公共活动场所相对缺乏，同时，缺少相应的停车场，社区配套相对滞后。

　　当代住区建筑形式较单一，缺乏设计感。以 6～8 层建筑为主，外立面以水刷石或者马赛克作为主要外墙装饰材料。阳台形式多样，有悬挑式、转角式、嵌入式等。相对于历史住区和现代住区，当代住区建筑状况较好，基本无明显缺陷，外墙、内墙及门窗维护状况良好，水、电、气设施完备。图 17-4 为当代住区典型样本点手绘图。

图 17-4 关东康居园社区手绘图（李杰绘）

17.3 人居与社会环境分析

通过走访调查及问卷分析可知，有 49% 的居民满足于当前居住房屋现状，有 25% 的居民对居住现状表示不满意。虽然不少居民认为当代住区具有地段好、居住成本低、医院学校配套好等优势，但是仍然存在房屋面积较小、周边环境差、房屋户型不好、房屋质量差等问题有待解决。调研数据分析结果如图 17-5、图 17-6 所示。

调研还对住区建筑内采光、建筑通风、环境卫生状况、垃圾清运、污水排放、空气质量等进行了数据收集和分析，如图 17-7 ~ 图 17-12 所示。大多数受访居民对建筑采光、建筑通风、周边空气质量等还比较满意，认为住区垃圾清运和污水排放也比较及时。但由于建筑较老且缺少定期维护，建筑卫生环境情况差强人意。

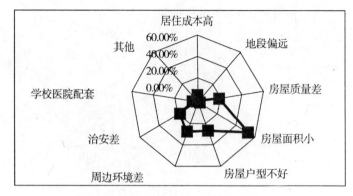

图 17-5　居民对当代住区不满意原因分析

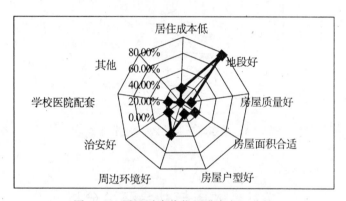

图 17-6　居民对当代住区满意方面分析

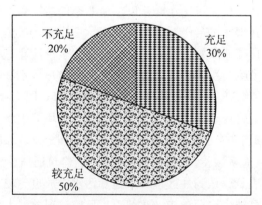

图 17-7　建筑内采光情况

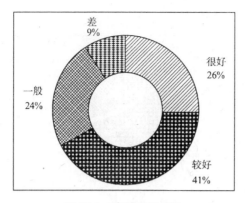

图 17-8　建筑通风情况

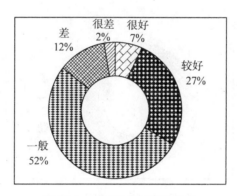

图 17-9　建筑卫生环境满意度

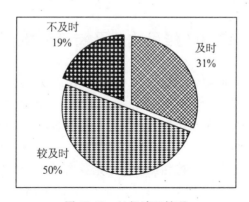

图 17-10　垃圾清运情况

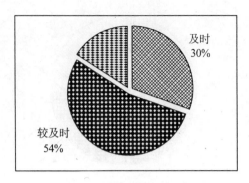

图 17-11　污水排放情况

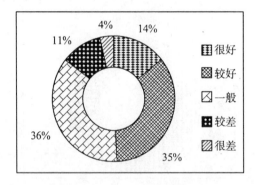

图 17-12　周边空气质量情况

17.4　居民构成及特征分析

　　根据发放和回收的问卷分析,调查居民以本社区居民为主,占调查居民的 52%,武汉市居民和来自外地的居民各占 24%,且大多在本社区居住时间 5 年以上。抽样中各年龄段分布较均衡。如图 17-13、图 17-14 所示。

　　统计分析表明,当代住区居民以企业员工、个体户及离退休人员为主,各占 38%、18%、18%。如图 17-15 所示。

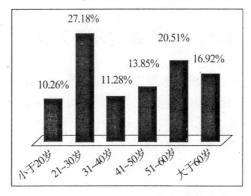

图 17-13 受访居民年龄结构

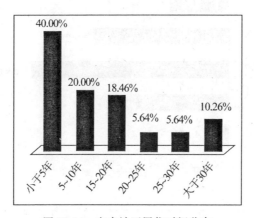

图 17-14 在本社区居住时间分布

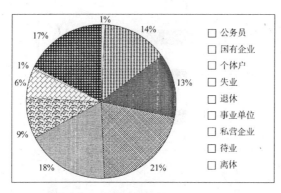

图 17-15 受访居民从事职业结构分布

17.5　居民家庭及收入分析

当代住区家庭成员人数如图 17-16 所示，以 2～4 人家庭为主，占 77.44%。居民人均月收入分析如图 17-17 所示，相对于武汉市人均可支配收入 23720 元(2011 年)，当代住区居民收入水平处于武汉市中下水平，收入相对较低。

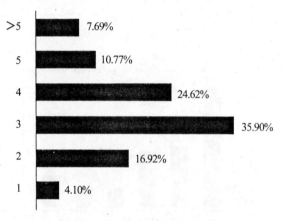

图 17-16　家庭成员人数分布图

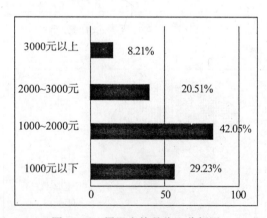

图 17-17　居民人均月收入分析图

从房屋来源来看（图17-18），51%的家庭住房是自主购买，44%的家庭是租赁居住，居民流动性相对较大。从购买年代来看，部分年轻家庭愿意选择此类社区的二手房作为婚房选择，并愿意长期居住在此类社区。

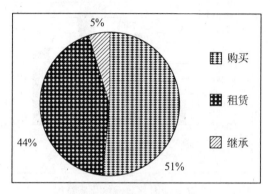

图17-18　房屋来源分析图

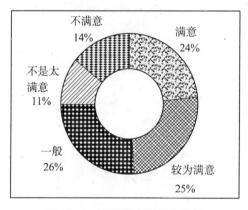

图17-19　房屋满意度调查分析

17.6　社会与组织状况分析

本次调研还对当代住区的社区满意度和社区组织状况进行了调查。约75%的居民对社区景观绿化程度基本满意，25%的居民对社区景观绿化程度不满意。46%的居民希望在社区内增加草坪，希望增加高大乔木和灌木植被的居民各占25%，还有25%的居民认为不缺少景观绿化（图 17-21、图 17-22）。

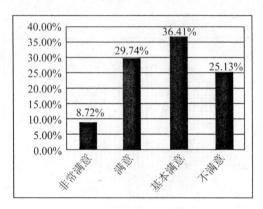

图 17-20　社区景观绿化满意度

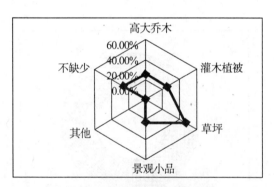

图 17-21　社区景观缺少绿化建议

图 17-22　当代住区社区绿化实况

270

受访居民的39%认为社区公共活动空间不充足，要求增加公共活动空间。希望增加活动中心、公共厕所、广场、健身设施等公共活动设施居民比较各占62%、57%、48%、44%。如图17-23、图17-24所示。

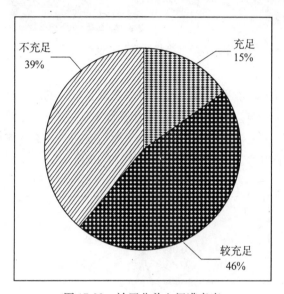

图 17-23　社区公共空间满意度

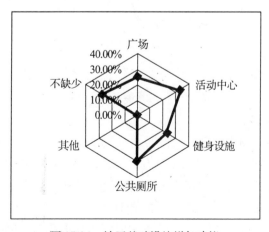

图 17-24　社区基础设施增加建议

图 17-25   当代社区基础设施实况

在对周边环境噪音来源的调查中发现，11%的居民认为住区安静、无噪音影响，44%的居民认为噪音来源主要是日常生活造成的，40%的居民认为噪音主要来源于周边交通，还有少数居民认为噪声来自于周边工地和娱乐业。如图17-26所示。

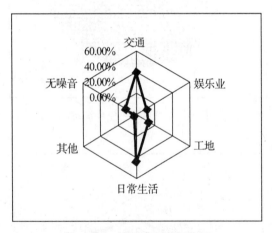

图 17-26   社区噪音来源分析

当代住区调研发现，社区活动组织较少，或宣传力度不够，致使50%的居民认为社区从来没有组织过活动，只有9%的居民认为社区定期组织活动。这是未来社区建设中需要重点解决的问题。

在对居民未来居住地意愿的调查中，约59%的居民愿意长期居住在当前社区，18%的居民考虑搬到工作地附近，9%的居民考

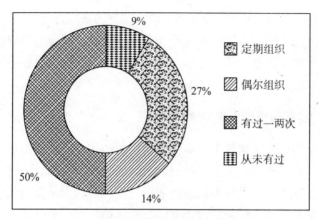

图 17-27 社区活动组织情况

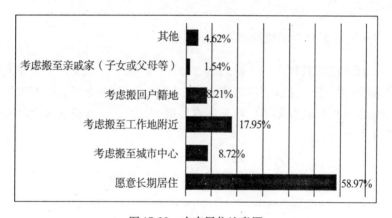

图 17-28 未来居住地意愿

虑搬到城市中心。鉴于此,政府应该加强对老社区的维护更新和改善。

17.7 住区主要面临的问题

(1)住区规划和建筑设计理念相对落后

当代住区建筑规划布局形式较为简单,多为联排式排列,且建

273

筑密度相对较高。随着居民对生活质量要求的提高，以及近年来车辆拥有量的急剧增多，停车场严重不足、活动空间缺乏等问题日益凸显。建筑设计理念相对落后、建筑形态简单缺乏美感也是当代住区的一个突出问题，

(2) 住区建筑缺少定期维护更新

武汉当代住区建筑存在缺少定期维护的问题，建筑的更新全靠居民自主自发改善，主要包括门窗、墙面粉刷等方面。人居环境有待进一步改善，社区基础设施还需进一步完善。大部分当代住区内存在贫富差距过大的问题，还有部分社区由于居住条件较差，随着经济允许的居民的搬走，逐渐沦为"贫民区"，潜在的社会问题不容忽视。

(3) 住区社会组织网络体系不健全

社区组织管理一般，缺乏活力，社区活动、居民交流、老年人关怀严重缺乏。住区居民老年人相对较多，要加强老年人关怀和活动组织。住区社会和组织状况还有待进一步改善，住区管理水平有待进一步提高。

17.8 住区主要的发展机遇

(1) 国家政策对当代住区更新的促进

中国正处于城市化进程加速推进的重要阶段，民生工程越来越受到社会各界的普遍关注，作为重要的基础性工程、民生工程，住区建设处于更加重要的位置。抢抓当前城市建设的机遇，解决住区建筑维护、基础设施缺乏、绿化景观不足等问题。全方位加强当代住区更新和改善势在必行。

(2) 生活机能完备给当代住区带来发展机遇

当代住区多位于交通便利、地理位置优越的区域，经过多年的

发展，生活机能十分完备，医院、幼儿园、小学、中学、大型超市、市场等各类生活设施齐全。生活机能完备是当代住区更新和保护的优势和重要机遇。

18 武汉市城市住区发展、保护利用途径与对策

18.1 武汉历史住区保护与利用途径对策

18.1.1 保持外观风貌，延续原有用途

历史住区作为见证人类文化生活的载体，使用价值是其基本属性之一，为了保护历史建筑遗产的原真性，保护、延续其原有的使用功能具有不可替代的作用，既可以保护历史建筑的物质功能，还可保护历史建筑的文化活性功能。对于那些建筑质量较高、建筑空间较为合理的历史建筑，延续其使用功能能给历史建筑注入新的活力，以维持其生活属性。

延续历史建筑的使用属性并非对其实施静态保护，因为历史建筑限于时代特性难以满足现代生活功能需要及现行规范的要求，因此需要对其进行修缮优化，包括屋顶的维修复原、内部设施更新等，创造宜人的生活和工作环境。

18.1.2 延续外观风貌，内部功能置换

赋予历史建筑新的使用功能应结合其结构状况、空间特征等。历史建筑的使用性质会随着周围环境、经济、社会的发展而适时发生变动，根据历史建筑的本体特征，对其进行内部功能置换、相近功能的转化是历史建筑保护利用的主要模式。

许多历史建筑处于城市的核心区域，周围交通便利，商业文化氛围浓厚，而且这些历史建筑通常成群布置或者形成历史街区。单

276

体建筑的历史价值未必突出，但是其集体效应确实是城市发展的最好见证，具有较高的历史文化价值。置换原有历史建筑的功能，增加商业文化服务内容等是这类历史建筑保护利用的较好方式，其组合效应也适合商业或者旅游业集聚的特点。

通过对建筑现状性质、结构、保存状况以及其所处区位的分析，分别赋予其适当的用途，将其改造为商业（各类商店）、服务业、文化娱乐业等场所。利用街区历史文化资源优势发展旅游业，有效推动建筑群的保护利用。

18.1.3　维持原真性，作为博物馆或陈列馆使用

许多历史建筑本身即具有比较特殊的宗教意义、革命历史意义或者文化意义，在城市中具有较高的声望和历史价值，也是需要重点保护的对象。对这些建筑合理保护修缮，改造为博物馆或者陈列馆发挥其社会经济文化功能，是这些历史建筑保护利用的主要模式之一。

对于城市内价值较高的历史建筑，可以根据其现状布局特点采用合理的修缮方式，分别改建为历史博物馆、革命遗址纪念馆等，既可以充分发挥其历史价值、保留历史信息，又有利于它们的保护。

一般采用"整旧如旧"的方式修缮历史建筑，维持历史建筑的原真性。"整旧如旧"是指对历史建筑所记录的历史信息要尊重、要保护，要保护好其本来面目，尽量保留其原有的建筑风格和建筑符号，慎用现代材料和技术，按原样修复，所有建筑细部必须按照地方特点予以恢复，表现真实性应有的精度，严禁乱搬乱套。

在"整旧如旧"的过程中，注重层次性的综合保护开发，对优秀历史建筑，按其重要性和历史纪念价值分别予以核心保护和协调性保护，力求保护与利用的协调统一。

18.1.4　结合城市设计，塑造城市历史景观

由于许多历史建筑处于城市的中心区域，对于城市的总体格局和风貌有着至关重要的影响。历史建筑一般具有时代或者地域特征

鲜明的建筑风貌，如果能加以良好利用，易于形成城市的历史景观，创造城市的独特魅力。结合城市设计，塑造城市历史景观，展示城市曾经拥有的历史风貌，也可以认为是一种历史建筑保护利用开发的模式，但必须以尊重历史风貌、尊重现有城市景观形态为基本前提。

目前最常见的结合城市设计对历史建筑进行保护利用的方法途径有以下两种。

(1)"拆"+"露"的方式

"拆"主要指拆除历史建筑周围一定范围内的一般性建筑和临时性建筑，从而"露"出历史建筑，还历史建筑以本来面貌，并以草坪和铺地填补空白。利用这种方式已经使越来越多的历史建筑在城市中"暴露无遗"，成为城市建设中的新景观。这种方式虽然简单易行，但在使用它时需注意以下几点：

①合理确定拆除范围。首先要结合现状，以确保在周边建筑被拆除后历史建筑具有多角度的良好景观效果；其次，确定历史建筑"突现"和"渐现"的景观展现方式；第三，尽可能地减小拆迁范围和工作量。

②慎重确定需拆除的建筑。历史建筑及其周边建筑非短期内形成，其中一些是主要建筑的续建和补充，是历史建筑的一部分；一些是在其他时期形成的典型建筑，与历史建筑重新形成了新的景观风貌，还有一些加建和临时性建筑。对于前两者应予以保护，而对于后者则可以拆除。

③保持视觉和空间上的平衡。保证周边建筑拆除后重新形成平衡的景观格局，并采取多种方法进行调节和纠正。

(2)"历史建筑+广场"的方式

以广场填充拆除后的空地是近年来国内流行的做法，这种方式的优点显而易见，不仅可以提供观赏历史建筑的视距，而且为人们提供了休闲、娱乐和聚会的城市开放空间。在建设时应注意以下几点：

①尊重原有历史景观和建筑环境。进行广场设计前，应查找相关历史资料和照片，分析和明确原有建筑景观特征和景观构成，避免主观的臆想和猜测。

②尊重历史建筑的使用功能。历史建筑或延续原有功能或改为它用，因此广场上容纳的动态景观应与历史建筑的现状相符合。

③保持协调统一的广场界面。不应对历史建筑周边建筑进行简单的立面模"装修"，应重视在体量、色彩、质感和光影等方面的协调，既保证空间的完整又形成烘托的背景。

④避免过多的装饰设施。巨大的雕塑、繁琐的灯饰、缤纷的铺地和纷繁的广告都会对景观造成巨大的破坏。相反，凄凄芳草、摇曳的树影和精美的建筑能带给人一种穿越时空的享受。

表 18-1 历史建筑保护利用模式对比分析

类型	模式描述	特点	途径
保持外观风貌，延续原有用途	对质量较高、空间较合理的历史建筑，保持其外观风貌延续其使用功能，以维持其生活属性	既保护物质功能，还保护历史建筑的文化活性功能	在保持历史建筑外观风貌不变的前提下，对建筑进行修缮优化和内部设施更新等，以满足现代生活功能的需要
延续外观风貌，内部功能置换	根据历史建筑的本体特征，对其进行内部功能的置换、相近功能的转化	延续历史建筑原有外观风貌，又有效推动历史建筑的保护利用	通过建筑现状性质、结构、保存状况以及其所处区位的分析，分别赋予其适当的用途，将其改造为商业、服务业、文化娱乐业等场所

续表

类型	模式描述	特点	途径
维持原真性，作为博物馆或陈列馆使用	对建筑合理保护修缮，改造为博物馆或者陈列馆发挥其社会经济文化功能	既发挥历史价值、保留历史信息，又利于历史建筑的保护	一般采用"整旧如旧"的方式维持历史建筑的原真性，即尊重历史，尽量保留其原有的建筑风格和建筑符号，表现真实性应有的精度
结合城市设计，塑造城市历史景观	以尊重历史风貌、尊重现有城市景观形态为基本前提，结合城市设计，塑造城市历史景观，展示城市曾经拥有的历史风貌	不仅可创造独特的城市历史魅力，同时提供观赏、休闲娱乐城市开放空间	"拆"+"露"方式，使历史建筑成为城市建设中的新景观；"历史建筑+广场"方式，以广场填充拆除后的空地，提供观赏历史建筑的视距

18.2 武汉现代住区保护与更新途径对策

18.2.1 特色街区工业建筑风貌整体保护

(1)保存现有的道路空间格局及空间尺度

保护范围包括临江大道，建设七路，建设八路，红钢一、二、三街形成的街道网络，以及和平大道、吉林街、建设三路、建设四路形成的街道网络。街道风格包括个别与主要街道相连的支弄，反映了特定道路结构关系，应注意辨认予以保留；尽可能留下道沿石或做出标记，保留街道的形态与宽度，尽可能避免修直拓宽；保留原有的街名不变；控制街道两旁添建新建筑的高度以及体量，注意

细部的比例，在尺度上与传统建筑保持协调，保持传统街道宜人的空间尺度，保护有特色的街道立面介质

(2)保护具有地域特色的院落空间

对保护区进行实地测绘，掌握建筑单体的测绘数据，尽可能保留空间形态完整的院落。对具有重要历史文化价值和典型意义的建筑院落实施原地原样保护，恢复其真实结构关系；剔除后加附建的部分，修复或重建已经被拆除的建筑，整合理清不完整的院落空间，尽量恢复平面与空间的历史形态，还原其内外的环境氛围和原有空间肌理。

(3)保护具有典型特色的历史建筑单体

加固主体结构，替换维护结构、整修立面，使门窗风格一致，内部装修可按实际需要进行，总体风貌应与片区内总体风貌保持一致。所有保护建筑均应在不损害民居风貌和结构安全的前提下进行水、电、通信等设施的现代化更新改造，以适应新的使用功能和社会发展的需要。

(4)保护街区内已经长成的树木

在保护片区内，现已长成的树木为数不少，树种有梧桐、水杉、樟树、女贞树、柳树等，这些树木也是构成历史街区生活氛围的一部分，应当保留并照管好，不仅能够提供多样的街坊绿化环境，还能够可为后期的社区绿化工程减少投资。

18.2.2　优秀工业建筑整体保护和功能改善

部分工业住区建筑质量好、建筑历史特征明显，应予以整体保留，并且可实施功能置换，应对其重点挂牌保护，实施建筑单体保护，修旧如旧，并维持原有用途。

对"红房子"建筑及其附属物进行整体保留。按照历史保留的资料对主要结构和围护体系实施加固、防腐防虫处理，对立面细部缺损、毁坏部分实施原料原样仿制替换，并在色彩上体现其原有变

281

化，达到工艺和历史的双重真实反映，对建筑所处环境实施整体规划设计，遵循历史事实还原其内部和周边景观，拆除影响视觉感受的后建建筑，保证保护片区的建筑形式和环境景观协调。

18.2.3 加快发展以历史保护和特色休闲为主题的旅游休闲产业

近年来，在工业历史街区利用历史文化和遗产资源进行旅游休闲业的开发，已成为城区经济和社会发展的热门领域，并将逐渐成为市民休闲活动的主要场所之一。

①打造、开发工业建筑与住宅为载体的城市历史休闲廊道和街道；

②开发工业建筑与住宅特色风貌区的工业建筑博物馆工业历史旅游；

③设计工业历史建筑与住宅的城区景观轴；

④对优秀工业历史建筑实施功能置换，采用酒店开发等市场化模式经营，实现工业历史建筑的良性保护和最佳利用。

18.2.4 强化政府支持引导和规划实施保障机制

特色街坊和优秀历史建筑的保护利用是政府建设和管理城市的主要职能之一。城市管理者应将该项工作的决策与推进提上重要工作议程，发挥政府的主导作用和管理职能。当前的重点任务有：

①组织申报城市优秀历史建筑，将将工业区特色街坊和优秀工业历史建筑的保护利用纳入立法保护框架；

②组织制定区域特色街坊和优秀工业历史建筑保护利用专项规划及实施细则；

③结合旧城改造，制定工业区特色街坊和优秀历史建筑保护和开发利用项目规划管理细则；

④建立政府引导、企业投入、专家咨询、社会参与的保护利用联动机制；

⑤将特色街坊和优秀历史建筑保护利用纳入城市区总体发展规划；

18.3　武汉当代住区发展与提升途径对策

18.3.1　合理用地布局和多中心的城市结构

利用城市规划的手段来调整城市用地布局和改善城市空间结构，主动消解城市空间分异。改变大城市"摊大饼"的发展模式，建立多中心组团式发展格局，同时提供方便快捷的交通联系，使不同产业分布和居住空间分布的选择具有较大的自由度，能够在不同地域上得到合理分配，减轻中心区负担，并且在一定程度上增加不同主体选择同一居住空间的可能性，有效避免居住空间分异。

同时，加强混合用地的开发与建设，保持一定区域内用地的多样性，在保障性住房建设中，应该在规划布局上防止大面积、单一类型的住区开发，适当与其他类型的商品房混合开发建设，避免产生居住隔离。

18.3.2　审慎稳健的住区改造政策

政府在改善城市环境，提升土地价值的同时，还应兼顾低收入阶层所赖以生存的社会关系网络，采取审慎的态度、稳健的步骤逐步改造，而并非大拆大建。现代住区的改造还应根据不同的区位特点采取适宜的改造办法：城市中心区的住区改造应该与新城开发统筹考虑，通过重建-回迁或迁移等改造模式，实现中心区功能的升级；对于区位条件一般的住区，应在不改变居住区功能的前提下逐步推进改造；对于多数位于城郊的待改造区域，在当前阶段，完善公共服务设施、维修住房比完全重建更必要，也更为经济可行。

18.3.3　以交通和就业为导向的老旧住区环境改善

以交通和就业为导向的老旧住区环境改善是解决低收入阶层住房困境的根本途径。首先，依托大运量快速公共交通设施建设引导住区改善，在新住区与工作地点之间建立紧密的交通联系，为远离城市中心区的低收入阶层提供低廉便捷的出行方式；其次，还应考

283

虑从新住区内部寻求消解能力，依托公交枢纽与商业中心联合开发形成综合服务中心，创造大量就业机会。就武汉市而言，要将住区更新和改造纳入城市建设规划和交通规划中，使其与正在建设的轨道交通线路结合起来，使城市的交通结构与空间结构相契合，从而实现老旧住区功能的可持续改善。

19 武汉市城市住区发展与更新建议

从城市住区发展衰退与更新的文献比较研究可知，住区衰退问题归根结底是人的发展与需求问题，要特别关注中国城市中的弱势群体问题。同时，注重城市衰退住区的综合质量和内部重建。探讨城市住区衰退的人的因素是解决我国城市住区衰退问题的关键。只有城市住区健康发展，才能保证城市居民充分享受城镇化建设所带来的经济发展和社会进步的成果。

优秀历史住区是承载人类文化生活的载体，是城市发展历史的见证。中国城市中的历史住区普遍存在人口拥挤、房屋超载、户型落后、建筑质量与人居环境严重劣化的严重问题，使其成为或正在成为中国城市弱势群体的聚居区；同时，历史住区社会联系丰富、区位优势明显、配套设施优良、居住成本较低，也使其成为中低收入群体无法割舍的聚居选择，物质、空间和社会的双面性共同造就了历史住区的存在与更新的矛盾。

现代工业住区是新中国成立早期产业工人的光荣创业历史和真实生活写照。这些特色街坊和"红房子"历史建筑的存在，使城市具有了强烈个性和鲜明历史文脉，彰显了城市独特历史文化和现代城区建筑风采。现代工业住区建筑与物质环境加速衰退、特有的团结户等问题及其与之相关的棚户区改造、重大项目拆迁和工业区振兴等交错影响，因此现代住区的更新须与城市规划建设结合。

当代商品住区是改革开放后房屋制度改革初期建设完成具有市场供求特征的住区。此类住区部分的建设、规划和融资方式都带有强烈的市场经济和计划经济相结合的特征，建设形式多样。在不发达的建设市场体制下，当代商品住区的规划和建筑设计理念相对落后，住区社会组织网络体系不健全，但由于居民经济和社会结构稳定，表现出较为稳定的居住幸福感，此种背景下构建住区特有的现代文化和气质对现代住区的可持续改善成为有效途径之一。

参 考 文 献

[1] 唐代望. 现代城市管理学. 北京：中国人事出版社，1991

[2] 汪洋，王晓鸣，竺雅莉. 基于可持续发展的旧城更新系统. 华中科技大学学报(城市科学版)，2005，22(4)：36-39

[3] 吴明伟. 旧城更新——一个值得关注和研究的课题. 城市规划，1996(1)：4-9

[4] 汪文雄，王晓鸣. 旧住宅(区)更新改造产业化技术系统研究. 住宅科技，2002(1)：37-40

[5] 王晓鸣. 旧城社区弱势居住群体与居住质量改善研究. 城市规划，2003，27(12)：24-29

[6] 国家统计局. 中国统计摘要——2008. 北京：中国统计出版社，2008

[7] 姜爱林. 城镇化、工业化与信息化协调发展研究. 北京：中国大地出版社，2004

[8] 国家统计局. 中国统计年鉴(2007). 北京：中国统计出版社，2008

[9] 方创琳. 改革开放30年来中国的城市化与城镇发展. 经济地理，2009，29(1)：19-25

[10] Wang Xiaoming, Yang Fan, Wang Yang. Sustainable Improvement and Management for Old Urban Residential Area in China, in: Proceedings of the World Sustainable Building Conference, Tokyo Japan, 2005：3258-3265

[11] 叶正波. 可持续发展评估理论及实践. 北京：中国环境科学出版社，2002

[12] Wang Xiaoming, Wang Yang, Yang Fan. Housing Maintainability

and Its Decision-Making in China, in: Proceedings of The Tenth East Asia-Pacific Conference on Structural Engineering & Construction. Bangkok Thailand, 2006: 227-232

[13] 吴良镛. 北京旧城与菊儿胡同. 北京: 中国建筑工业出版社, 1994

[14] 吴良镛. 从西欧的旧城及古建筑保护看北京的旧城改造及有关问题, 见: 城市规划设计论文集. 北京: 燕山出版社, 1988: 327

[15] 方可, 章岩. 关于城市多样性的思想及其对旧城更新的启示. 华中建筑, 1998, 16(4): 109-111

[16] 方可. 西方城市更新的发展历程及其启示. 城市规划汇刊, 1998(1): 59-61

[17] Jane Jacobs. The Death and Life of Great American Cities. Random House, New York, 1961

[18] 李艳玲. 美国城市更新运动与内城改造. 上海: 上海大学出版社, 2004

[19] 李其荣. 对立与统一: 城市发展历史逻辑新论. 南京: 东南大学出版社, 2001

[20] 陈易. 城市建设中的可持续发展理论. 上海: 同济大学出版社, 2003

[21] 王晓鸣. 武汉市旧里弄更新改造合作研究综合研究报告, 1999

[22] 方可. 欧美城市更新的发展与演变. 城市问题, 1997(5): 50-53

[23] Brehmer B. Strategies in real time, dynamic decision making. in Insights in Decision Making, Hogarth RM(ed.). University of Chicago Press, 1990

[24] Khalid Saeed. Sustainable trade relations in a global economy. System Dynamics Review, 1998, 14(2-3): 107-128

[25] Wang Xiaoming, Wang Yang, Lai Minghua. Study on Evaluation and Simulation of Sustainable Utilization for Historic Building. in:

Proceedings of The 2nd CIB international Conference on Smart and Sustainable Built Environments, Shanghai China, 2006: 162-169

[26] Forrester J. W. Principles of Systems. Wright-Allen Press: Cambridge, MA. 1968

[27] Forrester J. W. Counterintuitive behavior of social systems. Technology Review, 1971, 73: 52-68

[28] James L. Ritchie-Dunham, Jorge F. Mendez Galvan. Evaluating epidemic intervention policies with systems thinking: A case study of dengue fever in Mexico. System Dynamics Review, 1999, 15(2): 119-138

[29] 李涵，谭章禄. 项目治理的系统动力学初探——工程管理系列谈(三). 煤炭经济研究, 2007(6): 57-58

[30] 王家远，袁红平. 基于系统动力学的建筑废料分类分拣管理模型. 科技进步与对策, 2008, 25(10): 74-78

[31] SHEN L. Y., WU Y. Z., CHAN E. H. W., et al. Application of System Dynamics for Assessment of Sustainable Performance of Construction Projects. Journal of Zhejiang University (SCIENCE A), 2005, 6(4): 339-349

[32] HAO J. L., HILLS M. J., HUANG T. A Simulation Model Using System Dynamics Method for Construction and Demolition Waste Management in Hong Kong. Construction Innovation, 2007, 7 (1): 7-21

[33] Wang Qi-fan, Ning Xiao-qian, You Jiong. Advantages of System Dynamics Approach in Managing Project Risk Dynamics. Journal of Fudan University(Natural Science), 2005, 44(2): 201-206

[34] 王孟钧，彭彪，陈辉华. 基于系统动力学的建筑市场信用系统. 系统工程理论方法应用, 2006, 15(5): 409-411

[35] Sterman J. D., Repenning N. P., Kofman F. Unanticipated side effects of successful quality programs: exploring a paradox of organizational improvement. Management Science, 1997, 43

（4）：503-521

[36] Sterman J. D. Testing behavioral simulation models by direct experiment. Management Science, 1987, 33(12)：1572-1592

[37] Sterman J. D. Misperceptions of feedback in dynamic decision making. Organizational Behavior and Human Decision Processes, 1989, 43(3)：301-335

[38] Sterman J. D. Modeling managerial behavior：misperceptions of feedback in a dynamic decision making experiment. Management Science, 1989, 35(3)：321-339

[39] Sterman J. D. Misconceptions of feedback in dynamic decision making. Management Science, 1989, 35(3)：321-339

[40] 李瑞，冰河．中外旧城更新的发展状况及发展动向[J]．武汉大学学报（工学版），2006，39(2)：114-118.

[41] Yeh A GO, Wu F. The transformation of the urban planning system in China from a centrally-planned to transitional economy. Progress in Planning, 1999, 51(3)：167-252；

[42] 清华大学建筑与城市研究所编．旧城改造规划、设计、研究．北京：清华大学出版社，1993

[43] 任平著．时尚与冲突——城市文化结构与功能新论．南京：东南大学出版社，2000

[44] 中国社会科学院研究生院城乡建设经济系．城市经济学．北京：经济科学出版社，1999

[45] 顾朝林．城市社会学．南京：东南大学出版社，2002

[46] 陆地．建筑的生与死——历史性建筑再利用研究．南京：东南大学出版社，2003

[47] Forrester J. W. Principles of Systems. Wright-Allen Press, Inc., Cambridge, 1968

[48] Forrester J. W. World Dynamics (2nd edition). Wright-Allen Press, Inc., Cambridge, 1973

[49] Forrester J. W. Industrial Dynamics. MIT Press, Mass, 1961

[50] Saeed K., Acharya S. The Impending Environmental

Repercussions of Industrial Growth in Asia and the Pacific Region. Working paper. AIT, Bangkok. , 1995

[51] Saeed K. , Brooke K. Contract Design for Profitability in Macro-Engineering Projects. System Dynamics Review, 1996, 12(3): 235-246

[52] Saeed K. , Sustainable Development, Old Conundrums, New Discords. Jay Wright Forrester Award Lecture. System Dynamics Review, 1996, 12(1): 59-80

[53] Meadows D. H. the Limits to Growth. Universe Books, New York, 1972

[54] Sterman J. D. A Behavioral Model of the Economic Long Wave. Journal of Economic Behavior and Organization, 1985, 6 (1): 17-53

[55] Sterman J. D. the Economic Long Wave: Theory and Evidence. System Dynamics Review, 1986, 2(2): 87-125

[56] Sterman J. D. Deterministic Chaos in an Experimental Economic System. Journal of Economic Behavior and Organization, 1989 (12): 1-28

[57] Saeed K. the Dynamics of Economic Growth and Political Instability in the Developing Countries. System Dynamics Review, 1986, 2(1): 20-35

[58] Forrester J. W. The System Dynamics National Model: Macro behavior from Macrostructure Modeling Growth Strategy in a Biotechnology Startup Firm. System Dynamics Review, 1989, 7 (2): 93-116

[59] 王其藩，李旭. 从系统动力学观点看社会经济系统的政策作用机制与优化. 科技导报，2004(5): 34-36

[60] Wang Qifan, Ning Xiaoqian. Advantages of System Dynamics Approach in Managing Project Risk Dynamics. Journal of Fudan University(Nature Science), 2005(4): 201-206

[61] 王其藩. 系统动力学理论与方法的新进展. 系统工程理论与

实践, 2001, 4(2): 6-12

[62] 贾建国, 王其藩. 基于新古典理论的两产业系统动力学模型及对经济增长问题的研究. 系统工程理论方法应用, 2000 (4): 54-62

[63] 李农, 王其藩. 我国宏观经济 SD 模型与模拟. 系统工程理论与实践, 2001(9): 1-6

[64] 王其藩. 社会经济复杂系统系统动态分析. 上海: 复旦大学出版社, 1994

[65] 贾仁安, 丁荣华. 系统动力学——反馈动态性复杂分析. 北京: 高等教育出版社, 2002

[66] 王佩玲. 系统动力学. 北京: 冶金工业出版社, 1994

[67] 凌亢, 王浣尘. 南京市可持续发展的系统模型与检验. 武汉大学学报(社科版), 2002(1): 64-69

[68] 秦耀辰, 赵秉栋. 河南省可持续发展系统动力学模拟与调控. 系统工程理论与实践, 1997(7): 124-131

[69] 施国洪, 朱敏. 系统动力学方法在环境经济学中的应用. 系统工程理论与实践, 2001(12): 104-110

[70] Erling Moxnes. Not only the tragedy of the commons: misperceptions of feedback and policies for sustainable development. System Dynamics Review, 2000, 16(4): 325-348

[71] 张珊珊, 汪洋. 家族企业可持续发展的路径选择研究. 管理学报, 2006(3): 329-335

[72] 中国宏观经济信息网. http://www.macrochina.com.cn/fzzl/fzll/20010605007326.shtml, 2001.6.5

[73] 牛煜虹, 张衔春, 董晓莉. 城市蔓延对我国地方公共财政支出影响的实证分析, 城市发展研究, 2013, 20(03): 67-72.

[74] 王家庭, 曹清峰, 田时嫣. 产业集聚、政府作用与工业地价: 基于 35 个大中城市的经验研究. 中国土地科学, 2012, 26 (9): 12-20.

[75] 牛婷, 赵守国. 我国城市环境基础设施建设投资与经济增长之间关系的实证研究. 城市发展研究, 2010, 17(6): 4-7.

[76] Lovea P. E. D. , Holta G. D. , Shenb L. Y. , et al. Using systems dynamics to better understand change and rework in construction project management systems. International Journal of Project Management, 2002(20): 425-436

[77] Forrester J. W. System dynamics: a personal view of the first fifty years. System Dynamics Review, 2007, 23(2/3): 345-358

[78] Abdelmoneim Ali Ibrahim. A system dynamics approach to African urban problems: A case study from the Sudan: Dotoral Dissertation. Kent State University, 1989

[79] Kopainsky Birgit Ursula. A system dynamics analysis of socioeconomic development in lagging Swiss regions: Dotoral Dissertation. ETH, 2005

[80] Wang Xiaoming, Hua Hong, Yang Fan, et al. Technology Development and Liveability Demonstration of Green community Construction in Different Areas of China, in: Proceedings of the 2008 World Sustainable Building Conference SB08, Melbourne: CSIRO Publishing, 2008(2): 1782-1789

[81] Anderson R. , May R. Infectious Diseases of Humans: Dynamics and Control. New York: Oxford University Press, 1995

[82] 马彦琳, 刘建平. 现代城市管理学. 北京: 科学出版社, 2003

[83] James M. Lyneis. System dynamics for business strategy: a phased approach. System Dynamics Review, 1999, 15(1): 37-70

[84] Richardson G. Problems in causal loop diagrams. System Dynamics Review, 1997(13): 247-252

[85] 中国社会科学院研究生院城乡建设经济系. 城市经济学. 北京: 经济科学出版社, 1999

[86] 保罗·贝尔晴. 全球视角中的城市经济. 长春: 吉林人民出版社, 1999

[87] Hu Yucun. Study of system dynamics for urban housing development in Hong Kong: Doctoral Disseratation. The Hong

Kong Polytechnic University, 2003

[88] Huang Fulai, Wang Feng. A system for early-warning and forecasting of real estate development. Automation in Construction, 2005, 14: 333-342

[89] 胡家勇. 政府干预理论研究. 沈阳: 东北财经大学出版社, 1996

[90] Simon H. Models of Bounded Rationality. Cambridge, MA: MIT Press, 1982

[91] Kim Hin David Ho, Mun Wai Ho, Chi Man Eddie Hui. Structural Dynamics in the Policy Planning of Large Infrastructure Investment under the Competitive Environment: Context of Port Throughput and Capacity. Journal of Urban Planning and Development(ASCE), 2008, 134(1): 9-20

[92] Xu Honggang, Ali N. Mashayekhi, Khalid Saeed. Effectiveness of infrastructure service delivery through earmarking: the case of highway construction in China. System Dynamics Review, 1998, 14(2-3): 221-255

[93] 王其藩, 徐波, 吴冰等. SD 模型在基础设施研究中的应用, 管理工程学报, 1999, 13(2): 31-35

[94] Rodrigues A., Williams T. System dynamics in software project management: towards the development of a formal integrated framework. European Journal of Information Systems, 1996, 6 (1): 51-56

[95] 宁晓倩. 基于系统动力学的软件开发项目管理: [博士学位论文]. 上海: 复旦大学, 2004

[96] Rodrigues A., Bowers J. System dynamics in project management: a comparative analysis with traditional methods. System Dynamics Review, 1996, 12(2): 121-139

[97] Sterman J. D. System dynamics modeling for project management. http://web. mit. edu/jsterman/www/SDG/project. html, 2008. 5. 25

[98] Lee SangHyun, Peña-Mora Feniosky, Park Moonseo. Web-Enabled System Dynamics Model for Error and Change Management on Concurrent Design, and Construction Projects. Journal of Computing in Civil Engineering (ASCE), 2006, 20(4): 290-300

[99] James M. Lyneis, Kenneth G. Cooper, Sharon A. Elsa. Strategic management of complex projects: a case study using system dynamics. System Dynamics Review, 2001, 17(3): 237-260

[100] Morecroft J. D. W. Strategy support models. Strategic Management Journal, 1984(5): 215-229

[101] Morecroft J. D. W. The feedback view of business policy and strategy. System Dynamics Review, 1985, 1(1): 4-19

[102] Wang Yang, Wang Xiaoming, Yang Fan. Application of System Dynamics to Project Management in Old Urban Redevelopment. In: Proceedings of the 3rd IEEE International Conference on Engineering, Services and Knowledge Management, Shanghai China, 2007, 5231-5234

[103] Rodrigues A. , Bowers J. The role of system dynamics in project management. International Journal of Project Management, 1996, 14(4): 213-220

[104] Ford D. N. , Sterman J. D. Dynamic modeling of product development processes. System Dynamics Review, 1998, 14 (1): 31-68

[105] Park Moonseo, Peña-Morab Feniosky. Dynamic change management for construction: introducing the change cycle into model-based project management. System Dynamics Review, 2003, 19(3): 213-242

[106] Ford D. N. The Dynamics of Project Management: An Investigation of the Impacts of Project Process and Coordination on Performance: Dotoral Dissertation. MA: MIT Press, 1996

[107] James M. Lyneis, Ford D. N. System dynamics applied to project

management: a survey, assessment, and directions for future research. System Dynamics Review, 2007, 23(2-3): 157-189

[108] Lovelock J. E. Gaia: A New Look at Life on Earth. Oxford University Press. Oxford New York, 1987

[109] Ford A. Modeling the Environment: An Introduction to System Dynamics Models of Environmental Systems. Island Press, Washington DC, 1999

[110] Annababette Wils. End-use or extraction efficiency in natural resource utilization: which is better? . System Dynamics Review, 1998, 14(2-3): 163-188

[111] Brian Dyson, Ni-Bin Chang. Forecasting municipal solid waste generation in a fast-growing urban region with system dynamics modeling. Waste Management 2005, 25: 669-679

[112] Meadows D. H. , Robinson J. M. The Electronic Oracle: Computer Models and Social Decisions. Wiley: Chichester, 1985

[113] Yang Fan, Wang Xiaoming, Wang Yang. Study on Resident Behavior During Construction of Energy-Saving and Pollution-Reduction Community in China, in: Proceedings of the 2008 World Sustainable Building Conference SB08, Melbourne: CSIRO Publishing, 2008(2): 1687-1694

[114] Krystyna A. Stave. Using system dynamics to improve public participation in environmental decisions. System Dynamics Review, 2002, 18(2): 139-167

[115] 杨帆. 旧城住区更新工程的公众参与研究: [博士学位论文]. 武汉: 华中科技大学, 2009

[116] 张梦. 中国建筑面临"短命"危机[N]. 中国审计报, 2008-03-31(1).

[117] 佚名. 传统住宅建设方式需要革命[N]. 中国建设报, 2005-02-01(1).

[118] 王玲慧. 大城市边缘地区空间整合与社区发展[M]. 北京:

中国建筑工业出版社，2008.

[119] 中国社会科学院. 2009 中国城市发展报告[R]. 北京：社会
科学文献出版社，2009.

[120] 夏学銮. 中国社区建设的理论架构探讨[J]. 北京大学学报
（哲学社会科学版），2002，39(1)：127-134.

[121] Fontan J. -M. , Hamel P. , Morin R. & Shragge E. Community
organizations and local governance in a metropolitan region [J]
. Urban Affairs Review, 2009, 44(6)：832-857.

[122] Young FW. Community decline and mortality [J]. Health &
Place, 2006(12)：353-359.

[123] Njoh AJ. Toponymic inscription, physical addressing and the
challenge of urban management in an era of globalization in
Cameroon [J]. Habitat International, 2010, doi：10. 1016/
j. habitatint. 2009. 12. 002.

[124] Ong P. & Loukaitou-Sideris A. Jobs and Economic Development
in Minority Communities (Eds.) [M]. Philadelphia：Temple
University Press, 2006.

[125] 赵衡宇，胡晓鸣. 基于邻里社会资本重构的城市住区空间探
讨[J]. 建筑学报，2009(8)：90-93.

[126] Rosenthal SS. Old homes, externalities, and poor
neighborhoods：A model of urban decline and renewal [J]
. Journal of Urban Economics, 2008(63)：816-840.

[127] 黄文云. 社区变迁：基于城市规划的透视与策略[J]. 经济
地理，2006，26(2)：233-236.

[128] Mason DR. , & Beard VA. Community-based planning and
poverty alleviation in Oaxaca, Mexico [J]. Journal of Planning
Education and Research, 2008(27)：245-260.

[129] 黄怡. 大都市核心区的社会空间隔离——以上海市静安区南
京西路街道为例[J]. 城市规划学刊，2006(3)：76-84.

[130] Hipp JR. , & Perrin A. Nested loyalties：Local networks'
effects on neighborhood and community cohesion [J]. Urban

Studies, 2006, 43(13): 2503-2523.

[131] 龙腾飞, 顾敏, 徐荣国. 城市更新公众参与的动力机制探讨 [J]. 现代城市研究, 2008, 23(7): 22-26.

[132] 汪洋. 旧城更新决策系统动态模型构建与仿真研究[D]. 武 汉: 华中科技大学, 2009.

[133] Lin CY., & Hsing WC. Culture-led urban regeneration and community mobilisation: The case of the Taipei Bao-an Temple Area, Taiwan [J]. Urban Studies, 2009, 46(7): 1317-1342.

[134] Silverman RM. Progressive reform, gender and institutional structure: a critical analysis of citizen participation in Detroit's community development corporations (CDCs) [J]. Urban Studies, 2003, 40(13): 2731-2750.

[135] 吴光芸, 杨龙. 社会资本视角下的社区治理[J]. 城市发展 研究, 2006, 13(4): 25-29.

[136] Shaffer R., Deller S. & Marcouiller D. Rethinking community economic development [J]. Economic Development Quarterly, 2006, 20(1): 59-74.

[137] 杨力, 邱灿红, 康彬. 基于社会资本视角下的城市社区空间 规划研究[J], 山西建筑, 2008, 38(11): 27-28.

[138] Ibem EO. Community-led infrastructure provision in low-income urban communities in developing countries: A study on Ohafia, Nigeria [J]. Cities, 2009(26): 125-132.

[139] Roger GO., & Sukolratanametee S. Neighborhood design and sense of community: Comparing suburban neighborhoods in Houston Texas [J]. Landscape and Urban Planning, 2009(92): 325-334.

[140] 齐立博, 王红扬, 李艳萍. 基于"分形城市"概念的"分形住 区"设计思想初探[J]. 浙江大学学报(理学版), 2007, 34 (2): 233-240.

[141] 周婕, 罗巧灵. 大都市郊区化过程中郊区住区开发模式探讨 [J]. 城市规划, 2007, 31(3): 25-29.

[142] Mathers J. , Parry J. , & Jones S. Exploring resident (non-) participation in the UK New Deal for communities regeneration programme [J]. Urban Studies, 2008, 45(3): 591 – 606.

[143] Bolland JM. , & McCallum DM. Neighboring and community mobilization in high-poverty inner-city neighborhoods [J]. Urban Affairs Review, 2002, 38(1): 42-69.

[144] Lizarralde G. , & Massyn M. Unexpected negative outcomes of community participation in low-cost housing projects in South Africa [J]. Habitat International, 2008, 32(1): 1-14.

[145] Khwaja AI. Can good projects succeed in bad communities? [J]. Journal of Public Economics, 2009, 93(7-8): 899-916.

[146] Chaskin RJ. , & Joseph ML. Building "community" in mixed-income developments: Assumptions, approaches, and early experiences [J]. Urban Affairs Review, 2010, 45 (3): 299-335.

[147] 郑孝正, 秦岚. 城市边缘化社区聚居模式初探——桃浦七村实地调查的思考[J]. 同济大学学报: 社会科学版, 2005, 16(1): 47-51.

[148] 易峥. 混合式住区对中国大都市住房建设的启示[J]. 城市规划, 2009, 33(11): 74-78.

[149] Usavagovitwong N. , & Posriprasert P. . Urban poor housing development on Bangkok's waterfront: Securing tenure, supporting community processes [J]. Environment and Urbanization, 2006, 18(2): 523-536.

[150] Swanstrom T. , & Banks B. Going regional: Community-based regionalism, transportation, and local hiring agreements [J]. Journal of Planning Education and Research, 2009 (28): 355-367.

[151] Nguyen MT. Why do communities mobilize against growth: Growth pressures, community status, metropolitan hierarchy, or strategic interaction? [J] Journal of Urban Affairs, 2009, 31

（1）：25-43.

[152] 姚亮，吕东霞．中心城区边缘化：城市社区建设亟待破解的难题[J]．社区，2008(4)：10-15.

[153] 中国社会科学院．中国城市发展发展报告（2012）[R]．北京：社会科学文献出版社，2012.

[154] 中华人民共和国国家统计局，中华人民共和国2012年国民经济和社会发展统计公报．http：//www. stats. gov. cn/tjgb/ndtjgb/qgndtjgb/t20130221_ 402874525. htm

[155] 史忠良，肖四如．资源经济学[M]．北京：北京出版社，1993.

[156] 仇保兴．市场失效、市场界限与城市规划调控[J]．城市发展研究，2004(5).

[157] 李红波，王晓鸣．小城镇建设可持续发展动态协调系统研究[J]．科技进步与对策，2004(1).

[158] 中国社会科学院研究生院城乡建设经济系．城市经济学[M]．北京：经济科学出版社，1999.

[159] 赵民，陶小马．城市发展和城市规划的经济学原理[M]．北京：高等教育出版社，2001.

[160] 华中科技大学课题组．中国－欧盟环境管理合作计划（EMCP/LMD)项目：武汉市江岸区旧城更新与改造项目研究总报告．2005，6.

[161] 徐莎莎．向度与选择：旧城住区更新策略研究-以汉口黎黄陂路街区更新为例[D]．武汉：华中科技大学，2005.

[162] 陆地．建筑的生与死——历史性建筑再利用研究[M]．南京：东南大学出版社，2004.

[163] 樊勇明，杜莉．公共经济学[M]．上海：复旦大学出版社，2001.

[164] Wang Xiaoming, Peng Kaili. Study on Dwelling Situation of Weak Population and Its Improvement of Urban Community in China[J]. 华中科技大学学报(城市科学版)，2003(5).

[165] 刘奇志，吴之凌，何梅，黄宁．城市滨江地区景观建设探

索—武汉市汉口江滩工程规划设计[J]. 城市规划, 2004 (3): 1

[166] 耿慧志. 论我国城市中心区更新的动力机制. 城市规划汇刊, 1999(3): 27-31

[167] 顾朝林. 聚集与扩散——城市空间机构新论. 南京: 东南大学出版社, 2002

[168] James M. Lyneis. System dynamics for market forecasting and structural analysis. System Dynamics Review, 2000, 16(1): 3-25

[169] 贾根良. 发展经济学. 天津: 南开大学出版社, 2004

[170] Tom Tietenberg. 环境经济学与政策. 上海: 上海财经大学出版社, 2003

[171] James M. Lyneis. System dynamics for business strategy: a phased approach. System Dynamics Review, 1999, 15(1): 37-70

[172] 鲁西米. 卡尔斯鲁厄 Dorfle 区老城改建. 住区, 2002(10): 17-21

[173] 王其藩. 高级系统动力学. 北京: 清华大学出版社, 1995

[174] 王其藩. 系统动力学(修订本). 北京: 清华大学出版社, 1994

[175] 杨文斌. 基于系统动力学的企业成长研究: [博士学位论文]. 上海: 复旦大学, 2006

[176] Jorgen Randers. From limits to growth to sustainable development or SD (sustainable development) in a SD (system dynamics) perspective. System Dynamics Review, 2000, 16(3): 213-224

[177] Ritchie-Dunham, J. Systemic leverage. Proceedings to the 16th International Conference of the System Dynamics Society (Quebec City), 1998

[178] Sterman J. D. Dana Meadows: Thinking globally, acting locally. System Dynamics Review, 2002, 18(2): 101-107

[179] Nicholas C. Georgantzas, Tourism dynamics: Cyprus' hotel

value chain and profitability. System Dynamics Review，2003，19(3)：175-212

[180] 金媛媛，王庆生．旧城历史文化改造区型旅游商业区更新的动力机制研究．城市，2008(3)：57-62

[181] Todaro M. P. Economic Development, fifth edition. London：Longman，1994

[182] Saeed K. Development Planning and Policy Design：A System Dynamics Approach. Aldershot, England：Ashgate/Avebury Books，1994

[183] 沈旭成．以成都为例谈旧城改造和房地产开发．城镇规划与环境建设，2003(8)：38

[184] 王晓鸣，汪洋．论城市资源的经济外在性与城市规划管理．见：中国城市规划年会论文集，北京：中国水利水电出版社，2005：894-898

[185] 长谷口编．城市再开发．马俊译．北京：中国建筑工业出版社，2003

[186] 贺静，唐燕，陈欣欣．新旧街区互动式整体开发．城市规划，2003，27(4)：57-60

[187] 杨洋，张颀．天津市海河开发改造工程实录与思索．城市环境设计，2005(4)：46-57

[188] 晓刚．"如寿里人家"——武汉"危改"典范——记武汉"如寿里"危房改造．中国房地产，2002(6)：62-63

[189] Saeed K. Bringing experimental learning to the social sciences：A simulation laboratory on economic development. System Dynamics Review，1993(9)：153-164

[190] Richmond B. Systems thinking：A critical set of critical thinking skills for the1990s and beyond. System Dynamics Review，1993(9)：113-134

[191] Wang Yang, Wang Xiaoming, Yang Fan. Study on dynamic evaluation system of green-efficiency for green community. in：Proceedings of the 2008 World Sustainable Building Conference

SB08, Melbourne: CSIRO Publishing, 2008(2): 951-958

[192] Hua Hong, Wang Yang, Fan Juan, et al. Construction and Eco-efficiency Evaluation of Livable Communities in Chinese Towns, Proceedings of the 2008 World Sustainable Building Conference SB08,, Melbourne: CSIRO Publishing, 2008(2): 1508-1515

[193] 倪鹏飞. 中国城市竞争力报告. 北京: 社会科学文献出版社, 2004

[194] 王晓鸣. 旧城住区环境质量可持续改善规划指南. 见: 中国城市规划年会论文集, 北京: 中国水利水电出版社, 2005: 332-335

[195] 吉利斯. 发展经济学. 北京: 中国人民大学出版社, 1998

[196] 汪洋. 旧城住区更新动力机制与系统仿真研究: [硕士学位论文]. 武汉: 华中科技大学, 2006

[197] Satsangi P. S., Mishra D. S., Gaur S. K., et al. Systems Dynamics Modeling, Simulation and Optimization of Integrated Urban Systems: a Soft Computing Approach. Ky2bernetes, 2003, 32(5/6): 808-817

[198] Nelson P. Repenning. A dynamic model of resource allocation in multi-project research and development systems. System Dynamics Review, 2000, 16(3): 173-212

[199] Brehmer B. Feedback delays and control in complex dynamic systems. In Computer Based Management of Complex Systems, Milling P, Zahn E(eds). Springer Verlag: Berlin, 1989

[200] Sterman J. S. Business Dynamics, Systems Thinking and Modeling for a Complex World. New York: Irwin McGraw-Hill, 2000

[201] Sterman J. D. Learning in and about Complex Systems. System Dynamics Review, 1994, 10(2-3): 291-330

[202] 赵黎明, 李振华. 城市建设系统的动力学模型研究. 中国软科学, 2004(11): 147-151

[203] 张逸昕．黑龙江省经济空间结构子系统研究：[博士学位论文]．哈尔滨：哈尔滨工程大学，2007

[204] 赵黎明，冷晓明等．城市创新系统．天津：天津大学出版社，2002

[205] 汪洋，王晓鸣，张珊珊．旧城更新系统动力学建模研究．深圳大学学报(理工版)，2009(4)：169-173

[206] 王景慧，阮仪三，王林．历史文化名城保护理论与规划．上海：同济大学出版社，1999

[207] 王晓鸣．潮州古城区保护利用途径与建设定位研究报告，2007

[208] 潮州市统计局．潮州市统计局关于1999年国民经济和社会发展的统计公报．潮州市统计局，1999

[209] 中山大学城市与区域研究中心．潮州市旅游发展总体规划(2005-2020)，2004

[210] 潮商，潮州市：经济平稳运行，活力增强．潮商，2008(5)：31

[211] 陈克坚．中小城镇可持续发展指标体系的建立及其在潮州市的运用：[硕士学位论文]．暨南大学，2006

[212] Ventana Simulation Environment. Vensim Users Guide. Ventana Systems，Inc.，2002

[213] Geoff Coyle. Qualitative and quantitative modeling in system dynamics：some research questions. System Dynamics Review，2000，16(3)：225-244

[214] 杨琪．生态旅游区的环境承载量分析与调控．林业调查规划，2003，6(2)：73-76

[215] 万勇．上海新一轮旧城更新中风貌特色传承的规划方法研究：[博士学位论文]．上海：同济大学，2006

[216] 宋云峰．我国旧城中心区复兴的城市设计策略研究：[博士学位论文]．上海：同济大学，2006

[217] Morecroft J. D. W.，Sterman J D. Modelling for Learning Organizations(eds). Productivity Press：Portland，OR. 1994

[218] 钟永光，钱颖，于庆东等．系统动力学在国内外的发展历程与未来发展方向．河南科技大学学报（自然科学版），2006，27(4)：101-104

[219] Moxnes E. Not only the tragedy of the commons, misperceptions of bioeconomics. Management Science, 1998, 44 (9): 1234-1248

[220] Moxnes E. Overexploitation of renewable resources: the role of misperceptions. Journal of Economic Behavior and Organization, 1998, 37(1): 107-127

[221] Moxnes E. , Danell O. , Gaare E. , et al. A decision tool for adaptive resources management. In: The 18th International Conference of the System Dynamics Society. System Dynamics Society: Bergen, Norway, 2000

[222] Wang Yang, Wang Xiaoming, Yang Fan. Application of System Dynamics to Project Management in Old Urban Redevelopment. in : Proceedings of the 3rd IEEE International Conference on Communications, Services, Knowledge and Engineering Management, Shanghai China, 2007: 5231-5234

[223] Sterman J. D. Exploring the next great frontier: system dynamics at fifty. System Dynamics Review, 2007, 23(2/3): 89-93

[224] 宋世涛，魏一鸣，范英．中国可持续发展问题的系统动力学研究进展．中国人口、资源与环境，2004，14(2)：42-48